Kim Keum Hee

Der Garten in meinem Zimmer

KIM KEUM HEE

DER GARTEN IN MEINEM ZIMMER

Beobachtungen einer koreanischen Pflanzenoptimistin

Eine Übersetzung aus dem Koreanischen
von Sebastian Bring

Mit Illustrationen von Lakitki

dtv

MIX
Papier | Fördert gute Waldnutzung
FSC® C014889

Deutsche Erstausgabe 2026

Titel der koreanischen Originalausgabe:
(식물적 낙관) The Diary of a Korean Plant Parent,
2023 erschienen bei Munhakdongne Publishing Corp.

Tumblingerstraße 21, 80337 München
produktsicherheit@dtv.de

Übersetzung: Sebastian Bring
Umschlaggestaltung: dtv
Umschlagbild: Illustration von Lakitki © Lakitki.
Verwendung mit freundlicher Genehmigung.
Gesetzt aus der Dante Pro
Satz: Gaby Michel, Hamburg
Druck und Bindung: Friedrich Pustet, Regensburg
Printed in Germany · ISBN 978-3-423-28537-7

INHALT

EINLEITUNG

Das Herz einer Pflanzenliebhaberin

Im Laufe meines Lebens gab es immer wieder Zeiten, in denen ich mich mit Hingabe der Pflanzenpflege gewidmet habe, nur um dann wieder davon abzurücken und dieses Hobby ruhen zu lassen. Rückblickend fällt mir auf, dass diese Zeiten fast immer mit für mich seelisch schwierigen Phasen einhergingen. Zum ersten Mal entwickelte ich ein tiefer gehendes Interesse an Pflanzen während meiner frühen Berufsjahre. Einige Pflanzen im Büro waren damals im Verwelken begriffen, also begann ich, sie nach und nach auf den Balkon zu stellen und regelmäßig zu gießen. Irgendwann wurde dies wie von selbst zu meiner Aufgabe. Wenn mir während der Arbeit der Stress zu Kopf stieg, trat ich auf den Balkon, um mich den Pflanzen zu widmen. Vielleicht war das Gießen nur ein Vorwand, um abzuschalten, aber genau dieses kleine Ritual half mir, meine Gedanken zu ordnen. Es wurde zu einem wichtigen Teil meines Arbeitsalltags.

Auch unter den Büropflanzen gab es gewissermaßen Hierarchien. Einige gediehen wohlbehütet in den Zimmern der Vorgesetzten, während andere im Flur oder neben Bücherregalen mit halb vertrockneten Blättern dahinvegetierten. Fiel mir ihr Leid auf, trug ich sie hinaus auf den Balkon. Doch auch ich war nicht immer verlässlich – oft vergaß ich, mich um sie zu kümmern. Dann schienen die Pflanzen die sporadische Pflege als seltenes Glück zu erkennen und begannen wieder, aus eigener Kraft zu leben.

Eines Tages kündigte ich meinen Job, einem starken Impuls folgend. Ich konnte meinen Traum, Schriftstellerin zu werden, einfach nicht länger aufschieben. Nach dem Abschied von der Firma fragte ich mich manchmal, was wohl aus den Büropflanzen geworden war. Es waren ganz gewöhnliche Zimmerpflanzen, wie Sansevieria oder Peperomien. Sie blieben zurück in meinem Garten der Erinnerung, mit einem von mir damals empfundenen Gefühl des Scheiterns als emotionale Bürde.

Vor dem Schreiben dieses Textes habe ich die Pflanzen auf meinem Balkon gegossen. Ehrlich gesagt sieht es dort gerade nicht gut aus, da der Sommer seine Spuren hinterlassen hat, was zu kleineren und größeren Problemen geführt hat. Erst heute Morgen entdeckte ich, dass der *Pink Ghost*, eine Kaktusart, völlig »zerknittert« war. Zwei Tage zuvor hatte ich eine Fäulnis an seiner verdeckt liegenden Rückseite entdeckt. In der Hoffnung auf Rettung hatte ich sogar eine extra gekaufte Pflanzenlampe aufgestellt, trotzdem ist der Kaktus innerhalb eines Tages schließlich eingegangen. Notgedrungen nahm ich ihn aus dem Topf und besah mir seine Wurzeln. Ganz hoffnungslos schien es noch nicht. Ich schnitt die weichen Stellen ab, sodass von den zuvor fünfzehn Zentimetern nur etwa ein daumenlanges Stück übrig blieb. Aber solange noch Wurzeln vorhanden waren, besteht eine Chance. Ich werde alles versuchen, um den *Pink Ghost* zu retten. Noch heute erinnere ich mich genau an den Tag, als er letzten Winter zu uns kam, an seine wunderschöne Form, die wie mit Aquarellfarben getupft, in Rosa, Blau und Beige schimmerte. Ich kann ihn nicht einfach aufgeben.

»Ist der noch zu retten?«, fragte mein Mann im Vorübergehen, seinen Blick auf die Pflanze gerichtet.

»Natürlich! Schau, die Wurzeln sind noch da«, erwiderte ich voller Überzeugung und zeigte darauf. Trotzdem schwang ein leiser Zweifel mit. Vielleicht klappt es doch nicht. Ein leichter Anflug von Resignation überkam mich. Während ich mit den Pflanzen und den wechselnden Jahreszeiten lebe, lerne ich vor allem eines: eine stille, behutsame Art des Loslassens.

Seit Langem schreibe ich als Autorin über das Innenleben der Menschen. Deswegen habe ich mich in den letzten Jahren auch mit einem Psychologen über seelische Zustände unterhalten. Dabei hörte ich von ihm die bildhafte Beschreibung, Zynismus sei »kalte Enttäuschung«. Dieser Begriff blieb mir im Gedächtnis. Ich erkannte, dass die Unsicherheiten, die mich als Mensch prägen und die nicht von mir zu trennen sind, wahrscheinlich die Folge wiederholter Enttäuschungen im Laufe meines Lebens sind. Und so verstand ich mich selbst plötzlich etwas besser. Ich begriff, dass ich bei jeder Zurückweisung aufs Neue enttäuscht wurde und so zu dem Menschen wurde, der ich heute bin. Irgendwann fasste ich den Entschluss, mich selbst nicht länger in solche kalten Enttäuschungen treiben zu lassen.

Natürlich ist die Enttäuschung, die man wegen einer eingegangenen Pflanze empfindet, etwas anderes. Sie fühlt sich eher an, als hätte man auf einer überfüllten Straße für einen Moment die Hand eines geliebten Menschen verloren – nicht so, als hätte jemand sie bewusst weggestoßen. Sobald dieser Moment vergangen ist, kann man sich jederzeit wieder die Hand reichen. Und so ist diese Art der Enttäuschung eher ein vorübergehendes »Loslassen«, nicht ein vollständiges »Abschließen«.

Durch den nicht enden wollenden Regen während der Monsunzeit litten die Pflanzen auf meinem Balkon stark. Täglich konnte ich zusehen, wie immer mehr Blätter herabhingen, verdorrten und verrotteten. Einige Sukkulenten wurden vollständig schwarz und matschig, sie sind buchstäblich »weggeschmolzen«. Eine von ihnen hatte ich im letzten Frühling zusammen mit einer hübschen Keramikschale für fünftausend Won gekauft. Als ich unschlüssig war, welche Sukkulenten ich in die Schale pflanzen sollte, empfahl mir die Inhaberin des Blumengeschäfts zwei Sorten und topfte diese daraufhin sogar ohne Aufpreis eigenhändig ein.

»Mit der Zeit werden sich die Sukkulenten ausbreiten und die ganze Schale ausfüllen!«, segnete sie mein kleines Pflanzenprojekt. Doch jetzt, da der Sommer vorüber ist und eine der Pflanzen verfault und eingegangen ist, bleibt mir nur noch die Erinnerung an diese freundliche Begegnung im Blumengeschäft. Aber vielleicht wirkt der Segen doch: Die andere Sorte gedeiht weiterhin gut.

Damals hatte mir im Blumengeschäft noch eine andere Pflanze gefallen, ein Maiblumenstrauch. Ein Bonsai dieser wilden Pflanze mit ihren kleinen weißen Blüten stand anmutig am Eingang des Geschäfts. Nachdem ich nach dem Preis gefragt hatte, zögerte ich bei den hunderttausend Won, ihn zu kaufen. Daraufhin empfahl mir die Ladeninhaberin, statt des Bonsais doch einen Maiblumenstrauch im Topf zu nehmen, den gäbe es auch. Diesen kaufte ich schließlich.

»Ach, der Bonsai ist doch so schön, trotzdem nehmen Sie diese hier?« Der Ehemann der Inhaberin, der sehr überzeugt von dem Bäumchen mit seinen alten Wurzeln, dem kräftigen Stamm und den sorgsam gestutzten Ästchen zu sein schien, riet mir entschieden von dem Maiblumenstrauch im Topf ab.

»Der im Topf ist auch hübsch und völlig in Ordnung.«

Mit einem Stups gegen ihren Mann unterstützte die Ladeninhaberin meine Wahl. Auch der kleine Maiblumenstrauch hat im Sommer gelitten, aber ich glaube fest daran, dass er weiterhin kämpft.

Nach dem Abschluss meines Studiums habe ich direkt angefangen zu arbeiten und zweimal den Job gewechselt. Mein Abschiedsritual bestand jeweils darin, meine Sachen zu packen und ins Auto zu laden. Beide Male fuhr ich weinend nach Hause.

Ich hatte mein Bestes geben wollen, doch es lief nicht so, wie ich es mir gewünscht hatte. Ich wollte nicht aufgeben, wollte nicht an den Rand gedrängt werden, trotzdem war ich am Ende so erschöpft, dass ich loslassen musste. Diese Zeiten meines Berufslebens spiegelten sich in den in einer Reihe aufgestellten Töpfen auf den Balkonen der Büros wider. Gerade zur stellvertretenden Abteilungsleiterin befördert versuchte ich, meine Gedanken zu ordnen, während ich mich um die Pflanzen kümmerte, oft aber verzagte ich rascher als die welkenden Blätter der Topfpflanzen.

Heute würde ich meinem früheren Ich in den Zwanzigern sagen, es gibt nichts, das wächst, ohne Schaden zu nehmen. Mehr noch: Ein Leben ohne Verletzungen ist gar nicht möglich. Nicht einmal Pflanzen aus dem Blumengeschäft bleiben so, wie man sie gekauft hat. Blätter wachsen, wie sie wollen, Blüten sprießen und verwelken wieder, und bei schlechten Bedingungen – wie in diesem Sommer – verfaulen sie oder gehen ein. Je länger man Pflanzen pflegt, desto mehr begreift man, dass Wachstum das eigenwillige, manchmal unerwünschte Abenteuer eines jeden lebendigen Wesens bedeutet. Selbst wenn eine Pflanze von Blattläusen befallen oder ein Zweig abgebrochen ist, wachsen neue Blätter nach, und die Zweige treiben wieder aus. Diese unbändige Energie des Wachstums entfaltet sich immerzu, unter allen Umständen.

Die Schönheit der Pflanzen, wie wir sie uns vorstellen, ist eigentlich eine Illusion. Sie verzerrt oft das wahre Wesen des Wachstums. Lebendige Dinge entwickeln sich nicht einfach nach jemandes Willen. Das erfüllende Gefühl, das ich zu Beginn als Besitzerin eines gepflegten Balkons hatte, wurde mit der Zeit, je mehr Pflanzen ich pflegte, Stück für Stück brüchig.

Trotzdem werde ich mich weiterhin meinen Pflanzen widmen und über sie schreiben. Denn ich bin neugierig, was dieses sanfte Aufwallen von Gefühlen in mir bedeutet, wenn ich mich auf dem Balkon aufhalte. Die Pflanzen stehen einfach nur ruhig da und wachsen unbeirrt weiter. Doch warum werde ich auf dem Balkon so oft von Erinnerungen übermannt, verliere mich in Gedanken, lache oder werde traurig? Besitzen Pflanzen vielleicht eine Fähigkeit, die der eines Spiegels gleicht, der in der Lage ist, das Herz dessen zu reflektieren, der vor ihm steht? Verfügen sie vielleicht über eine wundersame Kraft, still und klar, die nicht einfach Emotionen auslöst, sondern einen in die Tiefe des eigenen Herzens zieht? Warum nur versinke ich beim Betrachten der Pflanzen unwillkürlich in mich selbst?

Morgen will ich den *Pink Ghost* wieder einpflanzen. Ich weiß, dass Wurzelfäule kaum zu besiegen ist, erfahrene Gärtner haben mir das oft genug gesagt. Aber wie kann ich ihn nicht einpflanzen, wenn doch noch Wurzeln vorhanden sind? Vielleicht liegt der Grundgedanke bei der Sorge um meine Pflanzen im Beharren, optimistisch zu bleiben, egal wie aussichtslos die Lage auch scheint. Wenn alles hoffnungslos ist, wenn das Herz schwer wie Blei wird, hilft es, von ganz unten, von Grund auf neu zu denken. Da ist eine Wurzel – also pflanze ich sie ein. Ich möchte den Sommer festhalten und bewahre daher seine Tage im Herzen. Die in diesem Buch versammelten Texte sind ein Protokoll solcher optimistischen Tage.

TEIL 1

BEGEGNUNGEN IM SOMMERGARTEN

Die Sommerkolonie in meinem Zimmer

Ich habe die Pflanzen in unserer Wohnung umgestellt. Eine spontane Aktion, inspiriert durch die Lektüre eines Buches über Zimmerpflanzen, geschrieben von Daryl Cheng, einem bekannten Blogger und Influencer. Auf Koreanisch wurde es unter dem Titel *Pflanzenhüter nach Feierabend* veröffentlicht. Das Buch enthält viele schöne Fotos, die aber nicht der Grund für meinen Entschluss waren, mein Zimmer umzugestalten. Vielmehr war es ein bestimmter Satz, der mich besonders berührt hat.

Der Autor beschreibt das Gedeihen von Zimmerpflanzen als *Sukzession*. Dieser Begriff bezeichnet den Wandel einer Pflanzengemeinschaft im Laufe der Zeit an einem bestimmten Ort. Selbst wenn ein Stück Land brachliegt, wachsen dort mit der Zeit Pflanzen. Erst Moose, dann kleine Gräser, später Bäume, bis schließlich ein Wald entsteht. Sukzession beschreibt also den Prozess einer natürlichen Vegetation. Daryl Cheng erläutert in seinem Buch, dass auch Zimmerpflanzen eine solche Entwicklung durchlaufen.

Und tatsächlich – es stimmt. Nach und nach zogen die verschiedensten Pflanzen in meine Wohnung ein, und hauchten den Räumen, die zuvor mit allerlei leblosen, für das alltägliche Leben notwendigen Gegenständen angefüllt war, frische Lebensenergie ein.

Dass mir dieser Aspekt bisher nicht bewusst war, lag wohl daran, dass ich Pflanzen bislang nur als Zierobjekte betrachtet hatte, ich kaufte sie, wann immer sie mir ins Auge fielen. Mir war nie in den Sinn gekommen, dass sie durch meine Auswahl und die Platzierung in meiner Wohnung eine Gemeinschaft bildeten. Wichtig war für mich nur die Beziehung zwischen mir und den Pflanzen, nicht die gegenseitigen Einflüsse, die zwischen ihnen entstehen.

Aus dieser neuen Perspektive sah ich die Pflanzen in meiner Wohnung mit anderen Augen. Auf dem Balkonregal hatten sieben verschiedene Arten von Farnen Platz gefunden, doch sie standen nicht von Anfang an dort. Mehr als die Hälfte war aus anderen Räumen dorthin umgezogen, nachdem sie zu welken begannen und ihre Blätter sich gelb gefärbt hatten. Natürlich hatten sie sich nicht von selbst dorthin bewegt oder vermehrt – ich, ihre Pflanzenhüterin, hatte sie umgesetzt. Aber wären die ursprünglichen Bewohner, der Schwertfarn und der Frauenhaarfarn, an dieser Stelle nicht gut gediehen, wäre ich wohl nie auf die Idee gekommen, sie dort nebeneinanderzustellen.

Das Besondere an diesem Platz war das Metallregal, dort konnte ich mit dem Schlauch kräftig gießen. Erst mit der Zeit wurde mir bewusst, dass Farne unglaublich viel Wasser brauchen. Fast scheint es, als seien sie nicht aufgrund des Lichtmangels Schattenpflanzen, sondern um weniger Wasser abzugeben. Am Ende hatten die Farne in meiner Wohnung im Laufe einer langen Zeit den für sie optimalen Platz gefunden, und sie hatten gelernt, mich, ihre »Hüterin«, als Teil ihrer Umgebung zu nutzen, um eine eigene kleine Kolonie zu bilden.

Mir war, als hätte ich eine neue Sicht auf meine Pflanzen gewonnen. Mit meiner Unterstützung hatten sie in der Wohnung ein Miteinander geschaffen. In diesem Prozess war ich lediglich ein Umweltfaktor wie Sonne, Wasser oder Wind. Doch da diese Elemente für jedes Lebewesen etwas Essenzielles und sehr Kostbares sind, empfand ich eine Art ehrfürchtige Freude bei der Pflanzenpflege.

So las ich weiter in Daryl Chengs Buch, bis ich schließlich aufstand, ins Wohnzimmer ging und mich daranmachte, die hinter der Couch stehenden Pflanzen umzustellen. Eigentlich war dieser Platz ungeeignet, weil er kaum vom Licht beschienen wurde. Da die Pflanzen aber nach und nach höher als das Sofa gewachsen waren, hatte ich mir eingeredet, es sei schon in Ordnung so. Ich hatte eine Pflanzenlampe installiert, regelmäßig gegossen, mich also aufmerksam gekümmert, trotzdem hatte der Jasmin in diesem Jahr keine Blüten getragen. Ein deutliches Zeichen, dass der Platz hinter dem Sofa ungeeignet war. Also beschloss ich, den Jasmin auf die Fensterbank im Wohnzimmer zu stellen, und brachte auch meinen bengalischen Gummibaum, den ich in der frühen Phase meiner Pflanzenleidenschaft angeschafft und besonders ins Herz geschlossen hatte, in mein Arbeitszimmer. Dort fand sich am Fenster kein Platz mehr, also stellte ich ihn neben den Schreibtisch und schaltete die Pflanzenlampe an.

Auch die *Monstera deliciosa* aus dem Arbeitszimmer schnitt ich kräftig zurück und brachte sie ebenfalls ins Wohnzimmer. Die Monstera, ursprünglich aus dem mexikanischen Dschungel, ist eine Kletterpflanze mit enormer Lebenskraft – sie kann jahrzehntelang an der Seite eines Menschen verbringen und ist eine echte Gefährtin fürs Leben. Sie ist auch als luftreinigende Pflanze bekannt, deswegen hatte ich mir immer eingeredet, das staubige Arbeitszimmer sei genau der richtige Platz für die Monstera. Doch anders betrachtet hieß das nichts anderes, als dass sie dort eine für sie ungünstige Umgebung ertragen musste.

Die Pflanzenwanderung fand ihr Ende, als ich das hölzerne vierstufige Pflanzenregal an das Fenster gegenüber meines Schreibtisches stellte. So vollendete ich schließlich die Sommerkolonie meines Zimmers. Früher dachte ich, das Regal würde die Aussicht beim Arbeiten stören, doch das schien jetzt kein Problem mehr zu sein.

Nachdem ich also die Pflanzen neu arrangiert hatte, war das Wohnzimmer zu einem Raum geworden, in dem dreiunddreißig Blumentöpfe dicht an dicht nebeneinanderstanden. Jeder, der hereinkäme, würde sich wohl fragen, ob man in solch einer Umgebung überhaupt noch leben könne. Es wirkte tatsächlich etwas chaotisch, aber, um es mit Daryl Cheng zu sagen, war es ein »wirklicher Lebensraum, durchdrungen von einer gewachsenen Individualität der Zimmerpflanzen, die eine Gemeinschaft bilden«. Es gefiel mir, dass meine Neuanordnung nicht wie ein Akt des Aufopferns oder eine Hilfeleistung wirkte, es war nicht so, als würde ein Mensch etwas bewusst für die Pflanzen tun oder etwas für sie aufgeben. Vielmehr schien es wie eine ganz natürliche Sache, so grundlegend wie Licht oder Wasser für die kleine Pflanzenkolonie. Somit traten menschliche und pflanzliche Wesen gemeinsam in die erste Phase eines langen Sommers ein. Da ich alles gut vorbereitet hatte, würden wir ihn gewiss unbeschadet überstehen.

Pflanzlicher Optimismus

Beim Blick auf unseren schmalen Balkon kam ich zu dem Schluss, dass dort eine Ausbesserung nötig war. Die Pflanzen gaben trotz mangelnder Luftfeuchtigkeit und schwachem Lichteinfall ihr Bestes – sie ließen Blatt um Blatt wachsen, doch die Probleme waren unübersehbar. Besonders gravierend war, dass sie sich allesamt zu einer Seite geneigt und somit ihr Gleichgewicht verloren hatten. Meine geliebte *Pilea peperomioides*, auf die ich besonders stolz war und von der ich dank ihrer Ableger schon kleine Pflanzen an einige Familienmitglieder verschenken konnte, hatte nicht nur viele schildförmige Blätter hervorgebracht, sondern war auch kräftig in die Höhe gewachsen. Doch im Ringen um Licht neigte sich ihr ganzer Körper zur Seite, sodass sie nur noch durch das Regalbein gestützt, mühsam das Gleichgewicht halten konnte.

Der *Philodendron Florida Ghost*, der in einem Jahr seine Höhe verdoppelt hatte und bei diesem Tempo wohl bald bis an die Zimmerdecke reichen würde, hatte einige Zweige, die schlaff nach unten hingen. Da seine Blätter beinahe schon dreißig Zentimeter maßen, konnten die Stängel das Gewicht schlicht nicht mehr tragen.

Über den Zustand der Pflanzen in meinem Arbeitszimmer verliere ich besser kein Wort. Das Zimmer liegt nach Norden, wird also kaum von der Sonne beschienen. Die Pflanzen hatten sich, um das spärliche Licht einzufangen, mit ihren Stängeln in Richtung Fenster gebogen. Die Krümmung war so ausgeprägt, dass man ihre Sehnsucht nach Licht förmlich spüren konnte. Der *Philodendron Silver Metal* und der *Philodendron laciniatum*, die ich seit ihrer Zeit als Jungpflanzen begleitet hatte, waren so schief gewachsen, dass ich Schuldgefühle bekam – als wären sie allein durch mein Versäumnis so krumm geworden.

Natürlich habe ich auch meine Ausreden. Ich wusste, dass man die Töpfe regelmäßig drehen sollte, damit die Pflanzen gleichmäßig wachsen. Aber wenn eine Pflanze ihren Platz gefunden hat, fällt es mir schwer, sie einfach umzudrehen. Ich wollte den Blättern, die sich mühsam ausgerichtet hatten, die Last einer neuen Anpassung ersparen, auch wenn ich so das eigentliche Problem, nämlich das Licht, nicht lösen konnte. Aber letzten Endes hatte ich damit das schlechte Wachstum der Pflanzen stillschweigend zugelassen.

In letzter Zeit haben mein Mann und ich öfter über den Prozess des Nachdenkens gesprochen, darüber, ob man besser nur einmal oder mehrmals über etwas nachdenkt. Wenn ich nach der Lektüre eines Buches enttäuscht war und sagte: »Das wirkt so, als hätte der Autor nur einmal darüber nachgedacht«, nickte mein Mann verständnisvoll. Eines Tages

sprachen wir darüber, ob es überhaupt gut sei, eine Sache mehrfach zu durchdenken. Wenn man immer weiterdenkt und sich dabei letztlich im Kreis dreht, kehrt man am Ende doch zum ersten Gedanken zurück. So, wie bei einem Blumentopf, den man eigentlich nur leicht hätte drehen müssen – man denkt und denkt darüber nach, bis man schließlich gar nicht handelt und die Pflanze krumm weiterwächst. Letztlich ist bei allem das rechte Maß entscheidend. Doch das Problem liegt darin, dass man, sobald man versucht, etwas »maßvoll« zu tun, der Zweifel aufkommt, ob man nicht gerade dabei ist, sich mit Nachlässigkeit oder einem bequemen Kompromiss zufriedenzugeben.

Bei der Versorgung von Pflanzen zeigt sich immer auch die persönliche Neigung des Menschen, der sich um sie kümmert. Diese Neigung ließe sich beschreiben als die natürliche Art, etwas auf eine bestimmte Weise zu tun oder tun zu wollen. Manche Menschen fixieren ihre Pflanzen mit Draht, um sie gerade wachsen zu lassen, während andere nur in einem einzeln aufrecht wachsenden Stamm ihre Schönheit sehen und deshalb ständig die Schere bereithalten, um mögliche Triebe zu kürzen. Das Konzept des Bonsais ist wohl die extremste Form dieses Gestaltungswillens.

Aber unter den Pflanzenliebhabern gibt es auch Menschen wie mich, die nur ungern in den natürlichen Wachstumsprozess eingreifen. Auch wenn die Form einer Pflanze nicht perfekt ist, erfüllt es mich mit Freude, sobald ihre Blätter üppig sprießen. Ich bin wohl eine ziemliche Optimistin, was das Gärtnern angeht. Im Umgang mit Pflanzen werde ich gelassen, ja, in gewisser Weise gleichmütig. Genauer gesagt empfinde ich Vertrauen, ich hege keine Zweifel. Beim Schreiben, Lesen oder im Fluss meiner Gedanken frage ich mich sonst ständig: Stimmt das? Ist das wirklich so? Irre ich mich nicht? Doch Pflanzen gegenüber sind solche Rückfragen unnötig. Denn sie bilden eine eigenständige Welt, die nach einer Ordnung funktioniert, die mir verborgen bleibt. Was mir bleibt, sind nicht Misstrauen, nicht Skepsis, sondern Staunen – und aus diesem Staunen entsteht so etwas wie eine innere Erweckung.

Diese Woche habe ich eifrig Pflanzenartikel gekauft, vor allem Stützstäbe. Beim Stöbern im Internet entdeckte ich, dass es sie in vielen Varianten gibt: mit und ohne Ring, rund oder halbkreisförmig, mit Halterungen aus Lavastein oder Moos, die das Wurzelwachstum fördern, auch solche in bronzefarbener Optik, die an elegante Gartenbögen erinnern, und sogar Stäbe, die wie ein Pfahl wirken, an dem Kletterpflanzen emporwachsen können. Mit diesen Stützen richtete ich die krumm gewachsene *Pilea peperomioides*, die sich wie der Schiefe Turm von Pisa neigte, wieder auf und hob die schweren, umzuknicken drohenden Blätter des *Florida Ghost* an. Auch meine teuerste Pflanze, eine Hybridform aus *Philodendron verrucosum* und *Philodendron melanochrysum*, die bisher ohne Halt mit ihren Ranken über den Boden kroch, stellte ich endlich aufrecht. Mir schien, als würde dadurch auch mein eigener Alltag geordneter und geradliniger.

Doch gegen Ende dieses Umräumens passierte mir ein

Missgeschick. Ich wollte eine Begonie, die ich seit Wochen im Wasser wurzeln ließ, in einen Topf umpflanzen, brach sie dabei aber entzwei. Da sie in einer Wasserflasche gestanden hatte, war ihr Stängel krumm gewachsen. Als ich ihn geradebiegen und am Stützstab fixieren wollte, setzte ich zu viel Kraft ein, hörte dann ein leises Knacken, worauf die Begonie in zwei Teile brach. Versunken in meine Tätigkeit hielt ich mein Gesicht nah an die Pflanze und roch deutlich den frischen, an Gurke erinnernden Duft, den der abgebrochene Stiel verströmte – der klare, bittere Geruch einer kleinen Tragödie.

Wenn ich an einen ausgeglichenen, wohlgeordneten Geist denke, kommen mir die vier Ecken eines ordentlich gefalteten Taschentuchs oder ein paar ordentlich abgestellte Turnschuhe im Eingangsbereich der Haustür in den Sinn. Alles jedoch ohne jede Spur von Zwang oder Kontrolle. Ob ich dieses innere Gleichgewicht wohl bewahren kann? Das lässt sich nicht vorhersagen. Doch eines weiß ich bestimmt: Wenn ich eines Tages an diese Zeit zurückdenke, werde ich mich nicht an die Pflanzen erinnern, die ich dank der Stützen ordentlich aufgerichtet habe, sondern an die Begonie, deren Stängel mir unglücklich abbrach. Nicht an das Gefühl der Niederlage, sondern an jenen Moment der Erkenntnis, der mich durchfuhr, als ich etwas natürlich Gebogenes mit Gewalt geradebiegen wollte – und es dabei zerbrach.

Ein Ausflug zum Markt

Mein Mann ist zwar kein ausgesprochener Pflanzenfreund, aber er hat entscheidend dazu beigetragen, dass ich mich für dieses Hobby begeistere. Da Gartencenter meist am Stadtrand liegen, ist er als Autofahrer eine große Unterstützung für mich. Außerdem ist er für das Verpacken zuständig. Damit eine Pflanze heil nach Hause kommt, dürfen weder Blätter noch Zweige beschädigt werden, und darin ist er viel gewissenhafter als ich, er hat wirklich Talent.

Eine Pflanze zu kaufen fühlt sich anders an, als irgendeinen Artikel in einem Laden auszusuchen. Denn das, was man mit nach Hause nehmen will, sind Lebewesen, die meist schon lange im Gartencenter ihren Platz hatten, und auch die Verkäufer haben sie nicht einfach nur ausgestellt, sondern mit Zeit und Hingabe gepflegt.

Unter den Blumenläden, die ich besonders mag, wird einer von einem echten Pflanzenenthusiasten geführt. Er ist eher wortkarg und spricht mit mir beim Verkauf immer nur das Nötigste. Doch als ich eines Tages beiläufig erwähnte, dass die von mir ausgesuchte Pflanze als Geschenk gedacht war, reagierte er überraschend anders, fast schon begeistert.

»Da wird sich der Beschenkte aber freuen!«, sagte er mit

strahlendem Lächeln. Zwar hatte ich schon öfter bei ihm Pflanzen gekauft, sogar größere als diese, doch so herzlich hatte er noch nie reagiert.

Zunächst nahm ich an, er freue sich, dass eine seiner Pflanzen als Dankesgeschenk weitergegeben würde. Doch dann wurde mir bewusst, dass es keine bloße Floskel war. Er beneidete den Beschenkten wirklich.

»Ein Geschenk! Wie schön!«, rief er aus und wandte sich an seine Frau.

»Warum schenkt mir eigentlich niemand eine Pflanze?«

»Aber Sie haben doch schon so viele Pflanzen«, sagte ich verwundert.

Seine Frau lachte und schüttelte den Kopf.

»Ach, Sie haben ja keine Ahnung. Was Sie hier im Laden sehen, ist längst nicht alles!«, erklärte sie mir.

Ihr Mann, so erzählte mir seine Frau, hatte früher in einem völlig anderen Beruf gearbeitet, war dann aber irgendwann den Pflanzen verfallen und führte seither das Leben eines leidenschaftlichen Pflanzenliebhabers, bis er schließlich sogar einen eigenen Laden eröffnete.

Auch als Ladeninhaber blieben die Pflanzen für ihn keine bloße Existenzgrundlage, sondern ein Herzensanliegen. Deshalb reagierte er so impulsiv, als er das Wort »Geschenk« hörte. Er konnte sofort nachempfinden, wie es ist, eine Pflanze in Empfang zu nehmen, sie nach Hause zu tragen und sich an jedem neuen Blatt zu erfreuen. Er fühlte wahre Freude bei diesem Gedanken. Erst in diesem Moment wurde mir klar, dass er viele seiner Pflanzen nur schweren

Herzens überhaupt in den Verkauf gegeben hatte. Nachdem ich bezahlt hatte und die Pflanze eingepackt war, betrachtete er sie noch einmal genau und erklärte mir, wie man sie richtig gießt. Diese Pflanze, sagte er, sei etwas ganz Besonderes – wenn sie Wasser brauche, bilde ihre Knolle deutlich sichtbare Falten. Und den Blumentopf, fügte er hinzu, habe er mit Bedacht gewählt, weil er am besten zu genau dieser Pflanze passe.

»Keine Sorge«, sagte ich, um ihn zu beruhigen.

»Die Person, die ich damit beschenke, kennt sich mit Knollenpflanzen gut aus. Sie wird sie sicher gut pflegen.«

Damit wollte ich ihm sagen, dass ich seine Sorge nachvollziehen konnte. Mit der Bezahlung der Pflanze endete die Verantwortung nicht. Auf meine Worte hin nickte er und erklärte, er habe immerhin neun Monate mit ihr verbracht. Von nun an sah ich die Pflanzen in seinem Laden mit anderen Augen. Ich spürte, wie schwer es ihm gefallen sein musste, jede Einzelne von ihnen herzugeben. Sein Geschäft war weniger ein Verkaufsraum als vielmehr eine natürliche Erweiterung seiner Begeisterung und Fürsorge für Pflanzen.

Eines Tages fuhren mein Mann und ich so weit wie noch nie, um Pflanzen zu kaufen – zweieinhalb Stunden waren wir mit dem Auto unterwegs. Unser Ziel war ein Flohmarkt, auf dem private Sammler ihre selbst großgezogenen Pflanzen anboten. Schon lange hatte ich mich darauf gefreut, dort andere Pflanzenfreunde persönlich zu treffen. Menschen, die irgendwo da draußen genauso wie wir ihr Leben mit Pflanzen teilen. Im Grunde war es ein Markt wie jeder andere, aber die Stimmung war lebendig, voller begeisterter Menschen und deren Gesprächen, die sich natürlich um Pflanzen drehten. Hier konnte man ohne Scheu fragen: »Was ist das denn für eine Pflanze?« Denn Verkäufer wie Käufer waren allesamt echte Pflanzenliebhaber, voller Enthusiasmus.

Mein Mann, der bisher außer mir niemanden kannte, der sich selbst als »Pflanzenhüterin« bezeichnete, sprach noch lange Zeit später von diesem Markt. Besonders beeindruckt hatte ihn die Szene während einer Tombola. Unter den Preisen befand sich sogar eine teure Kaffeemaschine, doch die größte Begeisterung rief ein Mini-Gewächshaus aus Acryl hervor. Als mein Mann sich umdrehte, sah er, wie alle jubelten und Beifall spendeten für den Gewinner, der eine Pflanze im Arm hielt, die für meinen Mann aussah wie ein hübsches Sesamblatt. Und zu denen, die ehrlich und mit einem Anflug von Neid mitjubelten, gehörte auch ich.

»Und weißt du, was mich heute noch überrascht hat?«, sagte er, als wir später auf der Autobahn im Wochenendstau standen.

»Wir hatten vor der Hinfahrt nicht zu Mittag gegessen, doch das hat dich keinen Moment gekümmert, du hast nur Augen für die Pflanzen gehabt. Und du lässt ja sonst nie eine Mahlzeit aus.«

»Stimmt, das passiert mir sonst nie.«

»Aber wieso gerade heute? Ich war mir sicher, du würdest irgendwann auf mich zu kommen und vorschlagen, etwas zu essen.«

In diesem Moment erst wurde mir bewusst, dass ich tatsächlich bis fast vier Uhr nachmittags keinen Hunger gespürt hatte, weil ich die ganze Zeit unter Menschen gewesen war, die Pflanzen betrachteten, sich darüber austauschten und sich daran erfreuten. In diesem Moment dachte ich, *ja, ich war wirklich auf einem »Markt«*. Ich hatte nicht nur ein paar Blumentöpfe gekauft, sondern war tief in die Welt der Pflanzen eingetaucht und hatte alles wirklich genossen. Und ich weiß jetzt, ich werde wieder solch einen Markt besuchen – um Menschen zu begegnen, um zu lernen, wie man etwas hegt und liebt, und um nach Hause zurückzukehren und mit diesem Geist meine Pflanzen großzuziehen. Vielleicht, so dachte ich, begegnen wir einander auf dem Markt genau deshalb, um uns gegenseitig diese Kraft zu geben.

Tagebuch einer Reise nach Jeju

Um an der Gedenklesung für die Opfer des Untergangs der Fähre *Sewol* teilzunehmen, war ich auf die Insel Jeju gereist. Diese Lesereihe, die inzwischen mehr als hundert Veranstaltungen umfasst, wird von Schriftstellerinnen und Schriftstellern getragen und von Menschen organisiert, die hoffen, dass eines Tages die Wahrheit über dieses Unglück ans Licht kommt. Seit ihrem Beginn im September 2014 findet sie nun schon fast zehn Jahre ohne Unterbrechung statt. Einmal im Monat wird sie ohne Unterstützung durch Organisationen oder Institutionen, allein durch das Engagement Freiwilliger fortgeführt. Jeder, der möchte, kann daran teilnehmen. Die dort gelesenen Texte reichen von selbst verfassten Manuskripten über Auszüge aus Lieblingsbüchern bis hin zu Liedtexten und Theaterstücken, ganz ohne Grenzen oder Vorgaben.

Einen Tag vor der Lesung kam ich auf Jeju an. Fast drei Jahre lang hatte ich die Insel nicht besucht. Obwohl ich nach dem Schreiben meines Romans *Für Bokja*, der auf Jeju spielt, einige Gelegenheiten gehabt hatte, dorthin zurückzukehren, konnte ich mich lange Zeit nicht dazu entschließen. Einerseits wegen der Pandemie, andererseits, weil man zu etwas, das einem sehr viel bedeutet, manchmal unwillkürlich auf Abstand geht. Nach der Landung und einem Mittagessen fuhr ich direkt nach Wollyeong-ri. Der Besuch des Kakteenhains dort war die einzige Station, die ich mir für meine Reise vorgenommen hatte. Ich folgte dem Navigationssystem auf der Ringstraße, bog dann aber spontan Richtung Aewol ab. Ich wollte die Küste noch etwas länger genießen, auch wenn dies einen Umweg bedeutete. Die Sonne brannte vom Himmel, viele Menschen badeten vergnügt im Meer.

Einige Jahre zuvor, als ich im Rahmen eines Künstlerresidenzprogramms auf einer der Nebeninseln Jejus lebte, hatte ich entdeckt, dass Kakteen dort so gewöhnlich wuchsen wie Unkraut in der Stadt. Die Pflanzen Jejus hatten für mich immer schon etwas Eigenwilliges, aber die Kakteen, die überall frei und natürlich gedeihen, schienen in besonderer Weise zu dieser Insel zu passen. Auch dass man im Jeju-Dialekt den Kaktus *tteokkot* nennt, fand ich wunderbar. Die Sprache Jejus hat die Eigenschaft, Dinge so zu benennen, dass ihr Wesen und ihre Gestalt unmittelbar spürbar werden – und *tteokkot* war genau solch ein Wort. Es rief das Bild einer aufrechten, starken Pflanze hervor, die ohne Kompromisse oder Zurückweichen kraftvoll ihrer Umgebung trotzt.

Natürlich habe ich auch zu Hause Kakteen. Von allen Pflanzen, die ich pflege, ist der Säulenkaktus wohl am anspruchsvollsten. Dazu kommen die Wolfsmilch, der Hasenohrkaktus, der Fischgrätenkaktus – so genannt, weil er an

die Gräten eines Fisches erinnert –, außerdem eine kräftig gewachsene *Aloe* und eine eigenwillig gewachsene *Euphorbia tirucalli*. Sie sind pflegeleicht, brauchen wenig Wasser und wachsen beständig, solange sie genügend Sonnenlicht bekommen. Der gefährlichste Feind des Kaktus ist übermäßige Zuwendung. Ihn möglichst trocken zu halten, ist der Weg, ihn am Leben zu erhalten. Einmal habe ich den Rat gehört, den Kaktus lieber nicht zu gießen, wenn man unsicher ist, ob er Wasser benötigt. Denn durch zu viel Feuchtigkeit können Kakteen schnell eingehen, während Trockenheit sie nur sehr langsam schwächt. Meinen *Muryunju* gieße ich nur etwa einmal zu Beginn jeder neuen Jahreszeit und lasse ihn im Winter vollständig austrocknen. Es ist wichtig, ihn so weit wie möglich in seinem natürlichen Zustand zu belassen.

Als ich in Wollyeong-ri ankam und am Hafen parkte, sah ich in der Ferne einige schnell rotierende Windräder. Das seichte Meer innerhalb der Mole schimmerte smaragdgrün, die Wasseroberfläche war fast vollkommen ruhig. Menschen waren mit Schnorcheln und Angeln beschäftigt. Kinder, vielleicht zehn Jahre alt, hielten Angelruten in den Händen. Auf die Frage der Mutter: »Na, beißen die Fische?«, antworteten sie mürrisch: »Nein, kein einziger!« Das Wasser war so klar, dass man die Fische darin deutlich erkennen konnte. Doch statt nach den Ködern an den Angelruten zu schnappen, suchten sie geschickt zwischen den Wasserpflanzen nach Nahrung.

Als ich den *Olle*-Wanderweg entlangging, fiel mein Blick

auf eine ausgedehnte Kaktuskolonie. Es waren *Baeknyeoncho*, deren flache, handförmige Stängel ihnen den Beinamen »Handflächenkaktus« eingebracht hatten. Auf einer weiten, von Steinmauern eingefassten Fläche wuchsen sie in doppelten und dreifachen Reihen. Sie kletterten sanft über den schwarzen Lavastein der Küste, schmückten gemeinsam mit Pflanzen wie Geißblatt und Efeu die Mauern und zeichneten im Zusammenspiel mit den gelben Küstenblumen stolz den Horizont, wo Meer und Land aneinandergrenzen. In dieser Kakteenlandschaft herrschte eine unregelmäßige, unbändige Schönheit – wild, unberechenbar und deshalb immer wieder erstaunlich. Eine Schönheit, die eine natürliche Lebenskraft ausstrahlte, nach der im Grunde jede Kunst in ihrem Innersten strebt.

Nach dem Weg durch den Kakteenhain brannte mir die Sonne im Gesicht. Um mich abzukühlen, ging ich in ein kleines Café, das Kakteensaft verkaufte. Am Tresen hing eine gelbe Schleife – das Symbol jener Menschen, die das Gedenken an die Opfer der *Sewol*-Katastrophe aufrechterhalten. So wie einmal ein winziger Kaktussamen mit der Meeresströmung hierhergetragen wurde und den Hain von Wollyeong-ri entstehen ließ, so dachte ich, dass auch unsere Trauer, unsere Schuld und unser Schwur, solch eine Tragödie sich niemals wiederholen zu lassen, irgendwo eine Gemeinschaft bilden und fortbestehen mögen. Hoffen, erwarten, glauben – all das erfordert Kraft. Resignation endet in Abkehr und Aufgeben, Glaube aber bedeutet Zuversicht und die Hoffnung auf eine bessere Zukunft.

Am nächsten Tag breitete sich während der Lesung hinter dem kleinen Stuhl, der als Bühne diente, die weite Krone eines Hackberry-Baums aus. Er stand da, als wollte er uns still umarmen – uns, die wir Schulter an Schulter unseren Weg gingen, so als wollte er sagen: »Es ist gut so.« Das war Jeju. Und das, genau das, waren die Pflanzen von Jeju.

Der liebenswerte Herr Sauerklee

Unser achtzehnjähriger Hund ist mittlerweile alt und krank. Er schläft nachts kaum noch, ist unruhig und muss ständig umsorgt werden. Deshalb kümmern wir uns in der Familie abwechselnd um ihn. Immer wenn der Hund zu uns nach Hause kommt, räume ich zuerst den Balkon auf. Im Moment ist er überfüllt mit Sommerpflanzen, aber falls ich den Hund einmal hinausbringen muss, möchte ich Platz für ihn haben.

Selbst der Eukalyptus, der einen Mehltaubefall wie durch ein Wunder überlebt hat, meine geliebte Kamelie, die Gänseblümchen und der Lavendel, die mich seit Beginn des Sommers begleitet haben – alle müssen weichen, wenn ein krankes Familienmitglied Platz braucht. Während ich die Töpfe zur Seite schiebe, fühlen sich meine Hände rau an, und ich halte plötzlich inne. Ich spüre, wie viel Angst und Unruhe in mir sind.

Der Sommer ist für Pflanzen eine Zeit des Wachstums, aber auch voller Krisen. Im letzten Jahr habe ich fast alle meine Sukkulenten verloren. Ich dachte, sie seien kleine, pflegeleichte Pflanzen von unendlicher Vielfalt, die man ohne große Mühe halten könne. Doch die Realität sah anders aus. Immerhin überlebten Steinrose, Crassula und Fetthenne. Zum Glück geht es der Steinrose gut, aber die beiden anderen kämpfen in der Hitze ums Überleben.

Dass Pflanzen im Sommer krank werden, liegt oft auch an Schädlingen. Einer der Schädlinge, die Pflanzenliebhaber am meisten fürchten, ist die Trauermücke. Diese kleinen Fliegen schwirren um die Töpfe und vermehren sich rasant. Ihre Larven verstecken sich in der Erde, weshalb sie schwer loszuwerden sind. Letzten Sommer dachte ich etwas naiv, ein paar Fliegen im Sommer seien wohl unvermeidlich, und ließ sie gewähren, bis sich schließlich auf dem Balkon unzählige tote Trauermücken häuften. In meiner Panik stellte ich Klebefallen auf und sprühte Insektizide, doch alles ohne Erfolg. Den ganzen Sommer lang musste ich die lästigen Fliegen wegfegen, bis endlich der Herbst kam. Erst später erfuhr ich, dass ihre Larven die Pflanzenwurzeln anfressen und sie schließlich absterben lassen.

Dieses Jahr habe ich zum Glück eine Lösung gefunden: eine verdünnte Wasserstoffperoxid-Mischung. In einem Blog las ich den Tipp, dass Trauermücken verschwinden, wenn man etwas Wasserstoffperoxid ins Gießwasser mischt. Da die Fliegen bereits zwischen meinen Blumentöpfen herumschwirrten, lief ich sofort zur Apotheke. Als ich nach Wasserstoffperoxid fragte, wollte der Apotheker wissen, wofür ich es brauche. Ich dachte eigentlich, es sei ein alltägliches, leicht erhältliches Desinfektionsmittel und zögerte plötzlich. Schließlich war es nicht seine eigentliche Bestimmung, es für Pflanzen zu verwenden.

»Ich frage nur, weil es zwei Arten davon gibt«, erklärte er, als er mein Zögern bemerkte. Vielleicht dachte er, ich hätte bestimmte Gründe, und klärte mich auf, ohne meine Antwort abzuwarten. Später wurde mir klar, warum ich damals so gezögert hatte, ich wollte mir die Hoffnung nicht nehmen lassen. Ich hatte Sorge, der Apotheker könnte sagen: »Dafür darf man es nicht verwenden«, oder schlimmer noch: »Das ist absolute Quacksalberei.« Ich bin ein Mensch, der Enttäuschungen schwer erträgt, noch bevor er überhaupt etwas ausprobiert hat.

Später stellte sich heraus, dass viele Menschen dieser Methode gegenüber skeptisch waren. Manche hatten sogar Experimente gemacht, sie setzten Larven der Trauermücke in verdünntes Wasserstoffperoxid, doch ihr Bestand verringerte sich kaum. Trotzdem gab ich mir Mühe, die Lösung regelmäßig zu verwenden, und da ich viele Blumentöpfe hatte, war eine 250-Milliliter-Flasche Wasserstoffperoxid bald aufgebraucht. Ich beschloss, es mindestens einen Monat lang auszuprobieren, kaufte gleich eine ganze Großpackung und mischte das Mittel bei jedem Gießen sorgfältig ins Wasser. Ob es wirkt oder nicht, kann ich nicht mit Bestimmtheit sagen, aber zumindest habe ich den Eindruck, dass die Zahl der Trauermücken im Vergleich zum Vorjahr deutlich zurückgegangen ist. Ob das an den veränderten Bedingungen auf dem Balkon liegt oder tatsächlich am Wasserstoffperoxid, weiß ich nicht. Aber ich fühle mich auf jeden Fall besser, als wenn ich gar nichts getan hätte. Immerhin habe ich es versucht.

Auf unserem Balkon verbringt nun ein Strauch mit dem liebevoll klingenden Namen *Dajeongkeumnamu*, was so viel wie »Baum der Zuneigung« bedeutet, den Sommer mit uns. Man sagt, er trage diesen Namen deswegen, weil sich an den Enden seiner Zweige Blüten und Früchte dicht aneinanderschmiegen. Ich hatte ihn wegen dieses sanft klingenden Namens gekauft, aber er wollte nicht richtig wachsen. Obwohl er am sonnigsten Platz auf meinem Balkon stand, wirkte er schwach und kränklich.

Doch in diesem Jahr brachte er neue Blätter hervor und setzte sogar Knospen an. Seine Blüte war nicht spektakulär, trotzdem freute ich mich über diese positive Veränderung. Als ich nach der Ursache suchte, entdeckte ich am Fuß des Bäumchens ein Büschel Sauerklee – genau genommen *Oxalis*, auf Koreanisch *Gwaengibap* genannt. Diese Pflanze sieht dem Klee ähnlich, hat aber eher herzförmige Blätter. Man sagt, kranke Katzen fressen sie, um gesund zu werden, daher auch ihr Beiname »Katzenkraut«. Sie soll eine starke entgiftende Wirkung haben und bei Erkältungen, Schlaflosigkeit, Vergiftungen und sogar Leukämie helfen.

Dieser Sauerklee war wohl durch zufällig herbeigewehte Samen auf unserem Balkon gewachsen. Dass eine so nützliche Pflanze sich ausgerechnet an den Wurzeln meines kränkelnden Strauches angesiedelt hatte, war in diesem Sommer ein tröstlicher Zufall. Und welch merkwürdige Fügung, dass er auch »Katzenkraut« heißt. Ich hoffte, er möge nicht nur dem leidenden Strauch, sondern auch unserem alten Hund, der diesen heißen Sommer tapfer durchsteht, neue

Kraft schenken. Vielleicht wächst der Strauch gerade darum so eifrig. Natürlich habe ich dafür keinen Beweis. Doch manchmal ist ein solcher Glaube wie ein kleiner Halt, der uns hilft, Schwierigkeiten zu überwinden. In diesem Sommer, der heißer als je zuvor ist, wünsche ich allen Menschen, Tieren und Pflanzen, die auf Balkonen oder anderswo mit der Hitze ringen, dass sie diese Zeit gut überstehen.

Hesses und Woolfs Sommergarten

Hermann Hesse war der erste Autor, den ich als Schriftsteller und zugleich Gärtner kennenlernte. Vor vielen Jahren las ich ein Buch von ihm, das er über seinen Garten geschrieben hatte. Heute gibt es eine Neuauflage unter dem Titel *Freude am Garten*, doch die Ausgabe, die ich damals las, zeigte Hesses Porträt. Ein mageres, runzliges Gesicht, in Schwarz-Weiß aufgenommen, unscharf, aber vermutlich von der Sonne gebräunt – das Antlitz eines alten Mannes. Hesse trug einen Strohhut und lächelte einer Sonnenblume entgegen. Ich hatte mir sein Gesicht zuvor nie vorgestellt, doch damals dachte ich, es passe irgendwie nicht.

Denn der Name »Hesse« weckte in mir ganz andere Assoziationen – das Leiden seiner Jugend, ästhetische Erkundungen von Philosophie und Religion –, aber dieses lächelnde, friedliche Gesicht schien damit nicht vereinbar. Doch das war nur ein altes Vorurteil meinerseits. Jetzt, da ich selbst Pflanzen pflege und einfache Texte dazu schreibe – wenn auch unvergleichlich bescheidener als Hesse, der zeitweise sogar vom Weinanbau lebte –, weiß ich: Dieses Gesicht war der vollkommene Ausdruck eines Menschen, der den Pflanzen wirklich nahe ist.

Auf dem Weg zu einer Freundin musste ich wieder an dieses Buch denken. Ich fuhr mit der Gyeongui-Jungang-Bahnlinie und war unruhig. Abgabetermine für Manuskripte und andere Sorgen belasteten mich. Doch allein die Tatsache, die hinter dem Zugfenster vorüberziehenden Sommerbäume betrachten zu können, ließ mein Herz etwas leichter werden. Als ich in Haengshin ausstieg und auf meine Freundin wartete, sah ich, dass dort auch der KTX-Hochgeschwindigkeitszug hielt. Plötzlich sehnte ich mich danach, einfach einzusteigen und irgendwohin zu fahren. Aber das war unmöglich. Es gab Abgabetermine, Termine, Verpflichtungen.

»Du siehst ja aus, als würdest du gleich weinen«, begrüßte mich meine Freundin, als wir uns nach langer Zeit wiedersahen. Während wir uns im Café gegenübersaßen, erzählte ich ihr nach und nach von meinen Sorgen. Doch irgendwie reichte das nicht aus, um meine bedrückte Stimmung wirklich zu vermitteln. Schließlich sagte ich einfach, ich fühle mich einsam. Doch dieses Gefühl der Einsamkeit, und warum es ausgerechnet in diesem Sommer so quälend war, konnte ich nicht recht in Worte fassen.

»Das liegt bestimmt noch an der Pandemie«, meinte sie.

»Ja, wahrscheinlich geht es allen so«, antwortete ich.

Vielleicht um das Thema zu wechseln, bat sie mich, Fotos meiner Pflanzen zu zeigen. Sie wollte wissen, wie groß sie geworden waren und wo sie in der Wohnung standen. Doch als ich in der Fotogalerie meines Handys nachsah, fand ich dort keine Bilder von Pflanzen, Landschaften oder Menschen – nur Screenshots mit Informationen, die ich aus dem Internet gespeichert hatte. Meiner Freundin gegenüber, die ich so lange nicht gesehen hatte, konnte ich kein heiteres Gesicht machen und auf dem Heimweg fühlte ich, als wäre etwas Kaltes in mein Inneres eingedrungen – etwas, das bei jedem Schritt schwer in mir lastete.

Liest man Hesses Gartenprosa, lernt man sein wahres Selbst kennen oder genauer gesagt das Bild, das Hesse von sich selbst entwirft. Hesse hatte eine starke Bindung zu Dingen. Als er einmal sein Taschenmesser verlor, das er bei der Gartenarbeit benutzte, war er so bestürzt, dass er darüber einen Text schrieb. Er war jemand, der Mitleid und Trost für an Schlaflosigkeit leidende Seelen hatte, und gestand, es sei schwer für ihn, einen Menschen zu lieben, der niemals solche Nächte durchlebt habe. Als Kind war er ein »Papageienhüter« gewesen, denn er hatte einen Papagei namens Polly und verstand wohl die Sprache dieser Vögel. Nach dem Ersten Weltkrieg lebte er zehn Jahre lang fast ohne soziale Kontakte, nur im Austausch mit den ihn umgebenden Dingen und den Pflanzen in seinem Garten.

In einer seiner Schriften stellt er viele dieser Freunde vor, den Spazierstock, die Teetasse, die Blumenvase, eine Bronzestatue – stille Begleiter, die »mir schweigend gehorchten« und deren Verlust er kaum hätte verkraften können. Draußen, vor seinem Haus, standen Dattelpalmen, Kamelien, Trauerweiden und Sommermagnolien – Wesen, die Hesse

»meine wahren Freunde und Nachbarn« nannte. Wenn Hesse davon erzählte, schwangen in seiner Stimme zugleich eine stille Melancholie und eine leidenschaftliche Bewunderung mit. War für Hesse vielleicht, der in seiner Jugend nach Jahren des Umherirrens mehrfach versucht hatte, sich das Leben zu nehmen, und der sich nach dem Krieg unter schwerem seelischem Leid in die Einsamkeit zurückzog, gerade die Einsamkeit der leidenschaftlichste Ausdruck seines Lebenswillens?

Etwa um dieselbe Zeit fand auch eine andere Schriftstellerin, Virginia Woolf, im Garten eine Quelle der Freude. 1919 zog sie in das Landhaus Monk's House und verkündete, dieser Ort gefalle ihr besser »als ganz London zusammen«. Ein Teich voller roter und cremefarbener Seerosen, Cosmeen, die bis zum ersten Frost in dichten Büscheln blühen, das Summen der Bienen, leises Singen, Düfte – all das, was Pflanzen ausstrahlen. Die unbeschreibliche Verzückung, die Virginia Woolf dabei empfand, ist im Buch *Virginia Woolfs Garten* eindrucksvoll festgehalten. Woolf hielt ihr Leben in diesem Garten in Tagebüchern, literarischen Werken und Briefen an Freunde fest. Sie schrieb, dass sie jeden Morgen durch diesen bezaubernden Garten spaziere, um sanft zu dem Satz zurückzukehren, den sie am Vortag unvollendet gelassen habe. Doch damals war sie innerlich sehr erschöpft, angesichts des heraufziehenden neuen Krieges. Das Einzige, woran sie sich seelisch noch aufrichten konnte, waren die Pflanzen ihres Gartens.

Vor Kurzem wurde ich gefragt, was am Schreiben das

Schwierigste sei. Ich antwortete, es sei die Einsamkeit, die es fordere. Schreiben bedeutet, alles – auch mich selbst – zu beobachten, zu analysieren, zu bewerten. Diese kühle Distanz ist ständig präsent, sie ähnelt der Isolation. Vielleicht stellt sich nicht nur für Schriftsteller, sondern für alle introvertierten Menschen die Frage, wie der Garten, wie die Pflanzen angesichts eines solchen Gefühls von Einsamkeit zu innigen Freunden werden können. Hesse sagt, bisweilen könne der Tod für den Menschen ein geringer Trost sein. Doch die Bäume hätten »niemals, nicht ein einziges Mal, beim Anblick eines sterbenden Menschen diesen Tod beneidet«. Ich verstand Hesses Worte so, dass die Bäume eine grundlegende Ausrichtung auf das Leben besitzen, nämlich »jedes Jahr Millionen prachtvoll und strahlend leuchtender Blüten in Fülle hervorzubringen«, und dass genau diese Ausrichtung eine gewaltige Kraft der Natur sei, die die großen und kleinen Abwege, Konflikte und Sorgen des Menschen bedeutungslos erscheinen lasse. Dadurch fühlte ich mich von diesem einsamen Gärtner und großen Schriftsteller tief bestärkt.

Jetzt, im Sommer, gedeiht eine meiner Pflanzen besonders kräftig, es ist der *Philodendron Florida Ghost*. Seinen Namen verdankt er den blassgelben, fast geisterhaft wirkenden Blättern, die beim Austreiben erscheinen, später aber wieder grün werden. Als ich ihn in der Gärtnerei aussuchte, achtete ich weniger auf die Schönheit der Blätter als auf die Stärke der Wurzeln – er sollte ja nicht gleich eingehen. Deshalb

wählte ich ein Exemplar, dessen Blätter eher unscheinbar waren. Beim Bezahlen fragte mich der Gärtner:

»Sind Sie sicher, dass Sie genau diesen möchten?«

»Ja. Hauptsache, er ist robust«, gab ich zurück.

Seitdem ist unser »Geist« stark gewachsen, er hat über sechs Stängel und breite Blätter hervorgebracht. Doch während er neue, gesunde Blätter austrieb, begann das erste allmählich zu welken. Zunächst bedauerte ich den Verlust dieses einen kostbaren Blattes, doch als ich schließlich sah, dass es nicht mehr zu retten war, schnitt ich es vorsichtig ab, nicht den Stängel, nur das Blatt, in der Hoffnung, es würde vielleicht ein neues nachwachsen. Einige Tage später jedoch warf die Pflanze von sich aus den dicken Stängel ab. Erst zu diesem Zeitpunkt wurde mir bewusst, dass dies eine Entscheidung der Pflanze gewesen war.

Hesse schrieb einmal, er habe zwar nie gelernt, leicht und bequem zu leben, aber eine Sache habe er stets beherrscht: »schön zu leben«. Und er mahnte: »Gerade das Vergängliche ist das Schönste.« Vielleicht ist es genau das, was wir in diesem Sommer brauchen – nicht den Versuch, die Einsamkeit zu bekämpfen, sondern die Umsetzung solcher Vorschläge, wie Hesse sie in seinem Essay *Sommer* hinterlassen hat, nämlich zehn Tage lang eine Zinnie in der Vase beim allmählichen Welken zu beobachten. Und auch die Rückseiten ihrer Blätter genau zu betrachten. Eine verblassende Rose in ihrem hellen Graubraun achtsam anzuschauen. Und auf diese Weise die Vergänglichkeit des Lebens zu betrauern und zugleich das Leben umso kostbarer anzunehmen.

Einsamkeit, Sommer, Garten, Beobachtung. In der nun heranreifenden Jahreszeit werde ich wohl oft an diese Worte denken.

Das gute Gedeihen

In letzter Zeit ringe ich mit einer Pflanze namens *Melanochrysum*. Eigentlich sollte ihr Stängel aufrecht wachsen und dabei Knoten und Blattstiele bilden, an denen sich die Blätter entfalten. Doch seit die *Melanochrysum* im vergangenen Jahr mit bescheidenen drei Blättern zu uns kam, ist sie zwar ordentlich gewachsen, doch die neuen Triebe entfalteten sich nicht richtig. Stattdessen streckte sie nur dünne Stängel in die Höhe. Ich dachte mir, sie wächst ja immerhin, das muss reichen, und ließ die Pflanze gewähren. Inzwischen war sie jedoch so weit emporgeschossen, dass sie den Stützstab längst überragte. Die wenigen neuen Blätter hingen wie kleine Apostrophe schwach am Stängel.

Als ich die Pflanze eines Tages versonnen betrachtete, dachte ich, nein, das ist kein richtiges Wachsen. Zu jener Zeit hatte ich irgendwo die Warnung gelesen: »Lässt man Pflanzen einfach gewähren, wachsen sie immer weiter gerade in die Höhe!« Also fasste ich mir ein Herz und schnitt sie im Bereich des Wachstumspunktes ab. Der Wachstumspunkt ist die Stelle, an der neue Triebe entstehen. Schneidet man ein Stück oberhalb dieses Punktes ab, stoppt die Pflanze das Wachstum in diese Richtung und konzentriert sich darauf, vorhandene Blätter zu stärken oder neue Triebe zu bilden.

Nach dem Schnitt veränderte sich tagelang nichts. Es war, als müsse die Pflanze erst nachdenken, wohin sie nun wachsen solle. Ich empfand das als Sinnbild meiner eigenen letzten Jahre. Vor Kurzem hatte ich für eine Hörbuchaufnahme meinen Essayband *Alle Worte jenseits der Liebe* noch einmal aufmerksam gelesen, dabei blieb mein Blick an einem Satz hängen: »In den vergangenen Jahren ist die Welt immer schlechter geworden, doch paradoxerweise gibt es mehr gute Menschen.« Diesen Satz hatte ich vor fünf, sechs Jahren geschrieben, doch heute kam er mir fremd vor. Bei der Frage, ob die Welt wirklich besser geworden sei, stockte ich, weil ich mir nicht sicher war, ob mir noch so viele Menschen geblieben waren.

Durch die Pandemie fühlte es sich an, als hätte ich mehr Beziehungen verloren als je zuvor. Natürlich lösen sich Bindungen, so wie sie geknüpft werden. Aber wenn man Menschen verliert, die einem nahestanden, fühlt es sich an, als würde ein Ast nach dem anderen abgeschnitten, der sich zuvor der Welt entgegengestreckt hat. Mit jedem Schnitt musste ich meine Erwartungen, meine Hoffnungen und mein Vertrauen in die Welt neu justieren. Und wie nach dem Rückschnitt meiner *Melanochrysum* stand ich lange ratlos da, unsicher, wie es nun weitergehen sollte. Ich glaube nicht, dass es nur mir so erging.

Eine befreundete Autorin, die sich durch ihren Beruf zunehmend isoliert fühlte, fragte einmal eine ältere Kollegin:

»Warum verliere ich nach und nach die Menschen um mich herum?« Die Kollegin antwortete: »Sei froh, wenn es nur ein paar sind.« Wir lachten, aber das beklemmende Gefühl blieb. Vielleicht gehört der Verlust von Beziehungen einfach zum Älterwerden. Wie eine Pflanze, die immer nur geradeaus wächst, weil sie es gewohnt ist, und dann plötzlich einen Bruch erlebt. Vielleicht stumpfen wir mit der Zeit einfach ab, weil wir solche Phasen überstehen müssen.

Einige Tage später begann meine *Melanochrysum*, an anderen Wachstumspunkten neue Triebe zu bilden. Als die winzigen, hellgrünen Blättchen erschienen, wurde mir warm ums Herz. Es fühlte sich an, als hätten wir endlich miteinander gesprochen. Ich freute mich darüber, dass das Ergebnis dieses »Gesprächs« – bestehend aus Beschneiden, Gießen und Sonnenlicht – das Wachstum in eine neue Richtung war. Ich hatte das Gefühl, die Pflanze habe verstanden, was ich ihr sagen wollte: dass ein Wachstum, das nur die äußere Form vergrößert, ohne dass das Innere mitwächst, letztlich kein wirkliches Wachstum ist. Und nun lag es an mir, diese Erkenntnis auch in meinem Leben umzusetzen. Jetzt, da der Sommer sich dem Ende zuneigt, sind die Pflanzen in meinem Arbeitszimmer in besserer Verfassung als je zuvor. Der Raum, der zuvor wie ein trostloses Pflanzenlager wirkte, hat sich inzwischen gewandelt – die Pflanzen haben sich angepasst, jede auf ihre eigene Weise. In dieser Zeit ist die Begonie so üppig gewachsen, dass ich sie in einen größeren Topf umsetzen musste. Die Pflanzen haben in diesem Raum, dessen Eigenart und Energie ich als Mensch nicht begreifen kann, ihren Platz gefunden, sich bemüht, sich angepasst und weiterentwickelt. Durch diese Pflanzen, die den Sommer an meiner Seite miterlebt und gemeistert haben, konnte auch ich neuen Mut schöpfen.

Doch meine *Melanochrysum*, die ihr Wachstum zunächst eingestellt hatte, begann bald wieder, nach oben zu streben. Sie bildete einen neuen Trieb an der Spitze, und noch bevor dieser sich vollständig entfalten konnte, wuchs daneben schon ein weiterer – wieder nach oben. *Also gut*, dachte ich, *wir haben wohl noch etwas zu besprechen*, und nahm erneut die Schere zur Hand. Nun steht die *Melanochrysum* wieder still, wie eingefroren, und scheint zu überlegen, wohin sie ihre Kraft lenken soll. Es wäre schön, wenn sie all ihre neuen Triebe zu üppigen Blättern entfalten würde, aber auch wenn sie wieder zu schnell in die Höhe schießt – was solls? Ich kann sie ja wieder zurückschneiden. Je länger ich darüber nachdachte, desto klarer wurde mir, dass dieses wiederholte Zurückschneiden immer wie eine neue Besinnung, ein wiederholtes Richten des Herzens ist. Darum fällt es so schwer. Und vielleicht genau deshalb bleibt uns die Hoffnung auf die stille Freude an den neuen Blättern, die noch kommen werden.

Urlaub und Balkon

Nach langer Zeit bereite ich mich wieder auf eine Reise ins Ausland vor, doch mein Herz ist schwer. Die Lage der Pandemie ist eine andere als im Mai, als ich voller Zuversicht ein Flugticket gekauft hatte, dazu kommt der Druck, meine Kolumne nicht rechtzeitig fertiggestellt zu haben. Aber wann bin ich jemals unbeschwert verreist? Ich bin immer aufgebrochen, ohne alles zuvor erledigt zu haben, ohne klare Reiseroute, fast immer nur vom Abflugdatum vorangetrieben. Und auch diesmal scheint es nicht anders zu sein. Besonders beschäftigt mich, dass ich meine Pflanzen zurücklassen muss. Wenn ich sie ansehe – so lebendig und kräftig, wie sie diesen heißen Sommer überstehen –, kann ich mir schon jetzt das Drama vorstellen, das mich bei meiner Rückkehr erwartet. Allein dieser Gedanke macht mich schon vor meiner Abreise traurig.

Ich hatte gehört, dass es sogenannte »Pflanzenhotels« für Menschen wie mich gibt, und mich im Internet darüber informiert. Das Angebot klang gut, professionelle Gärtner kümmern sich dort um die Pflanzen. Aber während ich überlegte, welche meiner Pflanzen ich abgeben sollte, verging die Zeit. Kakteen und Monstera würden zwei Wochen ohne Pflege überstehen, aber fast alle anderen Pflanzen verlangten nach besonderer Aufmerksamkeit. Da war die Bromelie, deren Blätter seit dem letzten Aufenthalt im Gewächshaus langsam vertrockneten; der Eukalyptus, von dem ich schon mehrere Exemplare eingehen ließ – ihn wieder zu verlieren, würde mich sehr schuldig fühlen lassen; der *Ficus umbellata*, den ich ans Fenster gestellt hatte und der dort fröhlich neue Blätter trieb; und schließlich die *Oncidium*, das Geschenk einer Bibliothek, in der ich einen Vortrag gehalten hatte. Da diese Orchideenart sehr empfindlich gegenüber Staunässe ist, war sie in Lavagranulat gepflanzt. Der Plan, sie vor der Abreise ordentlich zu wässern, war also nicht umzusetzen.

So hatte jede Pflanze ihre Eigenart, die sie für einen Aufenthalt im Pflanzenhotel qualifizierte. Doch meine letzte Kandidatin war der Eukalyptus *Melliodora*. Ich hatte ihn in einem Blumenladen im Stadtteil Seochon gekauft, eine Pflanze, die zwei Jahre lang weder besonders gewachsen noch eingegangen war. Erst vor einigen Monaten begann sie plötzlich, neue Triebe zu bilden und in die Höhe zu schießen. Sie war recht empfindlich und zeigte ihre Unzufriedenheit sofort anhand der Blätter. Gab man ihr zu viel oder zu wenig Wasser, reagierte sie prompt. Ob sie wohl durchhalten würde, bis ich von meiner Reise zurückkam? Falls nicht, würde ich sie tatsächlich ins Pflanzenhotel geben müssen. Da erschien meine Retterin, wie so oft in Gestalt meiner Mutter.

»Warum willst du deine Pflanzen ins Hotel bringen? Ich

werde einfach nach ihnen schauen. Gib kein Geld dafür aus«, sagte sie.

»Aber Mama, bei dieser Hitze sollst du doch nicht extra zu mir fahren. Das ist zu anstrengend.«

Ich tat so, als wolle ich sie abhalten, wusste aber längst, dass ich mich nur auf sie verlassen konnte. Andererseits konnte ich meiner mehr als siebzigjährigen Mutter kaum zumuten, eine Stunde mit der Bahn zu fahren, nur um nach meinen Pflanzen zu sehen. Das Gehen fiel ihr mittlerweile schwerer, sie vermied längere Wege, auch wenn sie ihren Laden noch immer gewissenhaft führte, die Waren ansprechend anordnete und mit ungebrochener Leidenschaft neue Produkte für ihre Kunden bestellte. Seit jedoch über eine Sanierung ihres Viertels gesprochen wurde, erklärte sie oft, sie hoffe, dass bald alles abgerissen werde, damit sie den Laden endlich aufgeben könne. Sie sei einfach zu alt dafür.

Und nun bat ich genau diese Mutter, die kaum noch weite Wege gehen wollte, in das mir selbst noch fremde Viertel zu kommen, in dem ich erst seit Kurzem wohnte, in eine leere Wohnung, in der nur meine Pflanzen auf sie warteten, nicht ich. Sie tat mir leid.

Aber sie erklärte mir, ich solle mir keine Sorgen machen, sie würde das übernehmen. Ein paar Tage später kam sie zur Generalprobe vorbei. Normalerweise holte ich sie an der U-Bahn-Station ab, doch diesmal bat sie mich, das nicht zu tun. Doch ich vergaß ihre Bitte und kam ihr wie gewohnt entgegen, brachte damit aber ihren Plan durcheinander, den Weg zu meiner Wohnung allein zu finden.

»Ich will das selbst ausprobieren, hilf mir nicht«, sagte sie und ging entschlossen voran. Ich schlug vor, ich könne den Weg filmen, damit sie sich später vergewissern könne, wenn sie unsicher sei, und holte mein Handy hervor. Es hatte seit Tagen geregnet, die Luft war schwer und schien stillzustehen, kein Windhauch regte sich.

An jenem Tag brachte meine Mutter sogar alle Zutaten für *Janchiguksu*, koreanische Festtagsnudeln, mit und bereitete sie für uns zu. Ich liebe den Klang dieses Wortes – *Janchiguksu*. Es klingt schlicht, warm und lebendig, nach einer unbeschwerten, herzlichen Gemeinschaft. Gemeinsam aßen wir die würzigen Nudeln, die sie mit reichlich Zucchini gekocht hatte, nickten einander zu, uns versichernd, wie lecker es war. Nach dem Essen sahen wir uns gemeinsam die Pflanzen in der Wohnung und auf dem Balkon an.

»Also, einfach jeder Pflanze einmal Wasser geben, oder?«

»Ja, genau, es ist gar nicht kompliziert«, antwortete ich.

Da ich mich gerade in der Lage befand, meine Mutter um Hilfe zu bitten, konnte ich ihr natürlich nicht auch noch erklären, dass sie mit dem Finger die Erde prüfen oder den Topf anheben solle, um am Gewicht zu erkennen, ob Wasser nötig sei. Während ich den Wasserhahn aufdrehte und anschließend mit dem Schlauch die Farne goss, betonte ich immer wieder, alles sei überhaupt nicht schwierig, sie müsse es einfach ruhig und unverkrampft machen. Da zeigte sie auf einen Topf mit einer vertrockneten Pflanze und sagte:

»So was hier solltest du als Erstes entsorgen.«

Natürlich hatte sie recht.

Obwohl ich längst erwachsen bin und schon lange selbstständig lebe, ist jede Begegnung und jeder Abschied von meiner Mutter noch immer mit einer subtilen Kälte im Herzen verbunden. Ganz gleich, wie fest ich im Leben stehe, egal, welche Rolle ich in der Gesellschaft spiele – dieses feine, kaum fassbare Gefühl des Widerstands gegen die Trennung oder vielleicht eine sanfte, anhaltende Traurigkeit darüber, will einfach nicht vergehen.

Am Abend sah ich mir die Handyvideos vom Tag an. Meine Mutter trat durch die Hintertür des Wohnblocks auf einen von Kirsch- und Fliederbäumen gesäumten Weg. Sie trug das neue Kleid, das sie sich zu ihrem siebzigsten Geburtstag mit ihren Freundinnen gekauft hatte. Wie immer ging sie mit festen Schritten über die noch feuchten Pflastersteine und fand zielsicher zu meiner Wohnung.

»Hier ist es richtig, oder? Dann kannst du jetzt aufhören zu filmen«, sagte sie stolz und lächelte.

Ich sah mir dieses Video immer wieder an und dachte, egal, wann oder wo, ich werde diesen Moment sehr vermissen. Vielleicht bin ich gerade deshalb fortgegangen, um dieses Gefühl im Voraus zu spüren – diese leise Sehnsucht, die mich all meine Pflanzen zurücklassen und für eine Weile fortgehen ließ.

TEIL 2

DER ABSCHIED IST WIE EINE KÜHLE BRISE

Eine Knolle, die Leben bedeutet

Ich kaufe Pflanzen lieber vor Ort als im Internet. Weil ich es mag, dabei zufällig Menschen und Pflanzen zu begegnen, so wie beim Kauf von Büchern in einer Buchhandlung. Für jemanden, der schreibt, ist die Begegnung mit anderen Menschen wie ein belebender Regenschauer für Pflanzen – eine wichtige Nährquelle und zugleich eine wohltuende Anregung, wie das sanfte Klopfen der Tropfen.

Oft höre ich, Schriftsteller hätten es während der Pandemie leichter, weil sie ohnehin viel allein und zu Hause arbeiten. Leider stimmt das nicht. Wenn die Welt sich zurückzieht, verliert auch unser Schreibdrang seine Antriebskraft. Denn Schreiben geschieht nicht automatisch, bloß weil man plötzlich sehr viel Zeit hat, es wächst, wie Pflanzen wachsen, indem es die Luft der Welt einatmet.

Im letzten Monat, als die Anzeichen einer neuen Pandemiewelle deutlicher wurden, blieb ich die ganze Zeit zu Hause. Erst vor Kurzem habe ich mich vorsichtig wieder hinausgewagt. Mein erster Weg führte mich, nach mehrmaligem Umsteigen mit Bus und Bahn, in ein Blumengeschäft. Von der U-Bahn-Station Mullae musste ich in den Bus umsteigen. Als ich mittags an der Haltestelle stand, fiel mir Cho

Hae-jins Kurzgeschichte *Mullae* ein. Die Station, an der ich früher mit der Linie 2 nur vorbeigefahren war, erhielt durch diese Erzählung eine besondere Bedeutung. Nachdem ich diese wunderschöne Kurzgeschichte, die von den autobiografischen Erfahrungen der Autorin durchdrungen ist, gelesen hatte, blieb Mullae für mich immer als jener Ort in Erinnerung, aus dem das Schreiben hervorgeht, da sich die sinokoreanische Schreibweise für »Mullae« aus den chinesischen Zeichen für »Schrift« und »Kommen« zusammensetzt.

Immer wenn im dunklen U-Bahn-Tunnel die Durchsage »Nächste Station Mullae« erklang, zog sich mein Herz leicht zusammen. Es war ein besonderer Moment – ein Mensch, der seiner schmerzvollen Kindheit entkommt, in seine alte Nachbarschaft zurückkehrt und doch den Mut fasst, diesen Ort als den Ursprung seines Schreibens, seiner Literatur zu benennen. Im Stolz eines Menschen, der seinen Schmerz überwunden hat, liegt unweigerlich auch ein Rest von Traurigkeit, den ich in diesem Augenblick deutlich verspürte. An jenem Tag zeigte sich der Herbst in voller Pracht. Fahrräder fuhren vorbei, im Park joggten Menschen. Das Leben in Mullae ging weiter.

Das Blumengeschäft war klein und unscheinbar. Hätte man es nur im Vorbeigehen gesehen, wäre man nie auf die Idee gekommen, dass dort seltene Pflanzen verkauft werden. Wie immer, wenn ich einen neuen Laden besuchte, schaute ich mir zuerst die draußen vor dem Schaufenster ausgestellten Pflanzen an. Stück für Stück, und so behutsam, als würde ich die Verpackungsfolie von meinem Lieblingseis abziehen.

In einer Reihe sonnten sich einige Caudexpflanzen, die derzeit beliebt sind, daneben *Socotranum* und Akazien. Durch die Glastür konnte ich drinnen Philodendren und Anthurien erkennen, die stolz ihre schönen Blätter präsentierten. Wegen der Farben dieser Blätter war ich überhaupt hierhergekommen. Bei der Pflanzenpflege wird einem nach einer gewissen Zeit bewusst, an welchem Teil einer Pflanze man besonders Gefallen findet. Bei mir waren es die Farben der Blätter. Erst nachdem ich viel Zeit mit Pflanzen verbracht hatte, entdeckte ich, wie unendlich vielfältig die Farbe Grün sein kann. Manchmal denke ich, es gibt kein Gefühl, das sich nicht in einem bestimmten Grünton ausdrücken ließe.

Zu Hause habe ich beispielsweise einen über einen Meter hohen Bengal-Gummibaum und einen kleinen Melany-Gummibaum, beide in Tontöpfen. Der Bengal hat leuchtend hellgrüne, fast fluoreszierende Blätter, sie wirken fröhlich und frisch. Der Melany hingegen trägt dunkles Olivgrün, ruhig und unaufdringlich wie das glänzende Leder eines alten Notizbuchs. Doch das ist nicht alles, an den Blatträndern des Melany zieht sich eine feine Linie entlang, die im Sonnenlicht gelb aufleuchtet. Kein schlichtes Gelb, sondern ein lang gezogenes, warmes »Geeeelb«, so lebendig, dass man fast den Atem anhält. Diese Verwandlung durch das Sonnenlicht war so betörend, so unwirklich schön, dass ich meinen Blick kaum abwenden konnte.

Als ich in den Laden treten wollte, stellte ich fest, dass die Eingangstür verschlossen war. Die Pflanzen standen draußen, also konnte der Inhaber wohl nicht weit sein. Aß er gerade zu Mittag? Oder wollte er an diesem Tag gar nicht öffnen? Dann wäre mein erster Ausflug seit Langem umsonst gewesen. Während ich noch grübelte, trat der Inhaber aus dem Nachbarladen. Er zog seine Arbeitshandschuhe aus und erklärte, er renoviere gerade, da er bald umziehen wolle. Dann schloss er für mich die Tür zum Blumenladen auf und ging zurück in den anderen Laden, um seiner Familie bei den Bauarbeiten zu helfen. Ich blieb allein zurück und war verblüfft. Wie konnte er mir so blind vertrauen? Wirkte ich trotz meiner Covid-Maske so vertrauenswürdig? Oder gab es vielleicht eine Videoüberwachung im Laden?

Am Ende dieses Tages hatte ich so viel gelächelt, dass die Einsamkeit der letzten Wochen fast wie verflogen schien. Manche Ladeninhaber sind wortkarg, andere wahre Pflanzenenthusiasten, die ihre Begeisterung mit den Kunden teilen – er gehörte zu Letzteren. Nachdem er seine Arbeit kurz unterbrochen hatte und zurückgekehrt war, zeigte er mir mit sichtlicher Freude die vielen verschiedenen Pflanzen im Laden und erklärte begeistert, warum jede von ihnen auf ihre Weise besonders sei.

»Ist sie nicht wunderschön?«, »Wirklich entzückend, nicht wahr?«, »Ganz genau!« Mit solchen Worten teilten wir unsere Bewunderung für die Pflanzen. Der Ladeninhaber erklärte mir auch die Besonderheit der sogenannten Caudexpflanzen – sukkulenten Gewächsen, deren koreanischer

Name sich aus den chinesischen Schriftzeichen für »Knolle oder Klumpen« und »Wurzel« zusammensetzt. Es sind Pflanzen, deren Wurzeln und Stämme zu einer Einheit verwachsen sind. Für manche Menschen sehen sie aus wie Kartoffeln, andere vergleichen sie mit einer Ginsengwurzel. Doch eigentlich beinhaltet schon das Wort »Knolle« ihren besonderen Charme, ihre Eigenart: diese dumpfe Masse, das Gewicht, das träge, fast unmerkliche Wachstum, das sie wie versteinert wirken lässt.

Ich hatte noch nie solch eine Caudexpflanze gepflegt, doch die Begeisterung des Ladeninhabers wirkte ansteckend. Sie seien unglaublich widerstandsfähig. Schon beim bloßen Ansehen könne man ihre Kraft förmlich spüren. So entschied ich mich für eine *Phyllanthus mirabilis*. Der Ladeninhaber erklärte mir, dass manche dieser Pflanzen sogar von steilen Felsklippen in Thailand stammen. Tatsächlich sei ihr massiger Körper nichts anderes als eine Überlebensstrategie, um in solch harschen Umgebungen zu überleben. Eigentlich müsste man sie in ihren natürlichen Lebensräumen schützen, doch wegen der hohen Nachfrage riskieren Arbeiter beim Sammeln der Pflanzen oft ihr Leben. Durch unser Gespräch wurden mir auch die ethischen Probleme, die mit dieser Pflanze einhergehen, deutlich.

Nachdem ich die Pflanze entgegengenommen hatte, kamen mir die unterschiedlichsten Gedanken über meine neue pflanzliche Mitbewohnerin in den Sinn. Für einige Menschen ist sie nur ein Einkommen, eine Ware, ein Transportgut. Doch für mich war sie nun ein Lebewesen, das denselben Raum, dasselbe Licht, dieselbe Luft mit mir teilen wird. Das Gewicht dieser kleinen Pflanze, dieses pflanzlichen Lebens, wog schwer und bedeutsam in meinen Händen.

Während ich bezahlte, erwähnte der Ladeninhaber, er baue gerade ein Gewächshaus. Es sei eine Arbeit, die viel Mühe koste, weil auch Heizdrähte verlegt werden müssten. Obwohl es erst Frühherbst war, machten wir uns beide schon Sorgen um den Winter.

Als ich sagte, dass mir die Kälte auf meinem Balkon Sorgen mache, riet er mir, alle Pflanzen in die Wohnung zu holen.

»Wahrscheinlich haben Sie recht«, gab ich zurück.

Auch wenn ich ihm zustimmte, war ich mir nicht sicher.

»Ach, Sie haben wohl viele Pflanzen zu Hause!«

Plötzlich freute sich der Ladenbesitzer, als hätte er eine Gleichgesinnte gefunden.

»Ich habe gesehen, wie Ihre Augen kurz gezuckt haben, als ich sagte, Sie sollen sie besser *alle* ins Haus holen.«

Tatsächlich schien mir das unmöglich, da mein Balkon schon jetzt mit Pflanzen überfüllt war.

Dank der Trageschlaufe, die der Ladeninhaber durch mehrfaches Umwickeln des Kartons mit Klebeband improvisiert hatte, war es leicht, die *Mirabilis* nach Hause zu transportieren. Während am Busfenster die vertraute Landschaft von Mullae vorüberzog, dachte ich über den freundlichen Ladenbesitzer nach. Er schien ein umsichtiger Mensch mit einer bemerkenswerten Lebensweisheit zu sein. Jemand, der einschätzen konnte, ob man einen Kunden allein im Laden lassen konnte oder nicht. Ein Mensch, der den Umbau seines neuen Ladens eigenhändig mit Bohrmeißel und Hammer bewerkstelligte. Jemand, der verstand, wie viel menschliche Arbeit in einer Caudexpflanze steckte, bevor sie in seinen Laden gekommen war, und dies auch seinen Kunden ins Bewusstsein rief. Und schließlich ein Mensch, der gemeinsam mit mir den kommenden Winter fürchtet und der trotzdem für eine hoffnungslos Pflanzenverliebte wie mich die passenden Worte des Trostes und der Ermutigung übrighat.

Zum Abschied sagte er noch etwas Rätselhaftes: Wenn die Sonne untergehe, werde meine *Mirabilis* »Feierabend machen«. Er sei sich sicher, dass ich bei diesem Anblick vor Staunen den Mund nicht mehr schließen könne. Ich fragte ihn, was er mit »Feierabend« meinte, doch er meinte nur, ich würde es sofort erkennen, wenn ich es sehe, und ich solle, falls ich irgendwann Zeit hätte, ein Foto davon machen und es ihm schicken. Mehr verriet er nicht.

Als ich zu Hause ankam, hatte sich der Himmel bereits verdunkelt. Ich stellte die *Mirabilis* auf den Balkon und war froh darüber, endlich wieder einmal draußen gewesen zu sein, und dass mich mein Weg ausgerechnet nach *Mullae* geführt hatte. Für mich ist Mullae der Ort, aus dem Literatur entspringt, das Viertel, in dem das Schreiben beginnt. Auch wenn ich selbst nichts geschrieben hatte, fühlte es sich an, als hätte ich etwas ganz Ähnliches getan. In den letzten Tagen hatte ich nichts zu Papier gebracht, deswegen war dieses Gefühl besonders kostbar. Und tatsächlich – kaum war die Sonne untergegangen, schlossen sich die Blätter der *Mirabilis* ruckartig, als hätte jemand laut in die Hände geklatscht. Wie ein Büroangestellter, der vom Stuhl aufspringt und »So, Feierabend jetzt!« ruft. Oder wie ein Regieassistent, der mit einem lauten Klacken der Filmklappe das Ende einer Szene besiegelt. So sandte diese kleine Knolle Leben auf meinem Balkon ihr erstes leises Signal aus.

Tagebuch einer Pflanzenhüterin

Wenn ich ausgestreckt auf dem Wohnzimmerboden liege und zu den Pflanzen an der Wand hinaufblicke, spüre ich Stolz und Bewunderung, auch eine tiefe Rührung und manchmal sogar Ehrfurcht gegenüber diesen Wesen, mit denen ich so lange zusammengelebt habe. Natürlich hinterließ meine Mutter, die während meiner Reise die Pflanzenpflege übernommen hatte, eine Notiz mit der tadelnden Aufforderung: »Jetzt kauf aber keine neuen Pflanzen mehr!« Doch zu meiner Verteidigung muss ich sagen, dass ich wegen des beengten Balkons ohnehin längst aufgehört hatte, neue »Mitbewohner« aufzunehmen. Zumindest bin ich niemand, der aus bloßem Besitzwillen maßlos Pflanzen anhäuft.

Manchmal werde ich gefragt, wie ich es schaffe, ganze siebzig Pflanzen zu versorgen. Dann ist mir das fast peinlich, denn es ist weder besonders großartig noch außergewöhnlich. Ehrlich gesagt weiß ich selbst nicht genau, wie ich das alles organisiere. Als ich zum ersten Mal zur Pflanzenhüterin wurde, notierte ich noch sorgfältig, welchen Töpfen ich Wasser gegeben hatte, oder stellte Pflanzen mit ähnlichem Gießrhythmus nebeneinander. Aber heute habe ich längst keine solche Routinen mehr. Oft vergesse ich, wann ich zuletzt auf dem Balkon war, und kann nicht behaupten, jede Pflanze aufmerksam zu beobachten. Wie überleben also diese vielen Pflanzen überhaupt?

Wenn ich genau darüber nachdenke, wird mir bewusst, dass ich nicht nur die Vorzüge genieße, die mir die Pflanzen schenken. Ihre Pflege ist einfach zu einem Teil meines Alltags geworden, es ist keine Aufgabe mehr, sondern Gewohnheit. Auch ohne bewusste Absicht wandert mein Blick morgens automatisch zu den Pflanzen, nicht der Kontrolle wegen, sondern einfach weil ein neuer Tag beginnt, weil ich nach einer Nacht voller Träume wieder aufwache – fast wie ein instinktiver Gruß. Pflanzen atmen langsamer als Tiere. Man erkennt das an Schnittblumen, wenn man beobachtet, wie langsam eine Blüte welkt, nachdem sie vom Zweig abgeschnitten wurde. Deshalb gibt es über Nacht keine dramatischen Veränderungen, trotzdem sehen die Pflanzen morgens immer ein bisschen anders aus.

Der *Brunfelsia*-Jasmin, der ans Wohnzimmerfenster umgezogen ist, lässt seine Blätter hängen, wenn er zu wenig Wasser bekommt – wie ein Mensch, der erwartungsvoll die Arme ausbreitet und sie dann enttäuscht wieder sinken lässt. Dann unterbreche ich, was ich gerade tue, stelle mich vor das Spülbecken, fülle eine Schale mit Wasser und gieße den Jasmin. Es braucht keine aufwendige Vorbereitung, kein mühsames Ritual für die Pflanzenpflege. Wenn mir dabei ein anderer Topf auffällt, dessen Erde trocken wirkt, stelle ich ihn gleich ins Spülbecken und gönne ihm eine Dusche. Den Topf danach wieder auf das Regal zurückzutragen, ist mir meist zu umständlich, also bleibt er dort stehen, während ich damit beginne, meinen Frühstücksreis oder einen Eier-Toast zuzubereiten. Dabei spritzt manchmal Öl auf die Blätter, Gemüse und Blumentöpfe stehen kreuz und quer durcheinander – doch genau dieses Durcheinander ist etwas ganz Normales und Alltägliches in unserer Wohnung. Die Küche ist dabei gleichzeitig ein praktischer Ort, wo die Pflanzen nach dem Gießen stehen können, bis das Wasser vollständig abgetropft ist, und gleichzeitig auch der Platz, an dem ich als Mensch mein Essen zubereite.

Die Sorgfalt, mit der man eine Pflanze auf die Fensterbank stellt, sie vorsichtig abwischt und darauf achtet, dass dabei kein einziges Blatt abfällt – dieses Gefühl unterscheidet sich im Grunde nicht von dem eines Menschen, der wahllos einige Blumen in einen Plastikbottich pflanzt, sie vor den Hauseingang stellt und ein Schild mit der Aufschrift »Bitte nicht mitnehmen« daran anbringt. Und auch nicht von meiner eigenen Gleichgültigkeit am Morgen, wenn ich noch halb im Schlaf Eierschalen wegräume und dabei aus Versehen gegen einen Blumentopf stoße. Es sind einfach nur verschiedene Weisen des Zusammenlebens.

So beginnt also mein Morgen und über den Tag reihen sich bis zum Abend die kleinen, routinierten Handgriffe mit den Pflanzen aneinander. Wenn ich auf den Balkon trete, um die Wäsche abzunehmen, greife ich kurz zum Zerstäuber und sehe nach, ob sich an meinem Eukalyptus vielleicht wieder lästige Spinnmilben gebildet haben – winzige

Tierchen, die feine Fäden wie Spinnweben ziehen. Wenn ich an den Geranien vorbeigehe und mir vertrocknete Blüten bei ihnen auffallen, schneide ich sie mit der rostigen Gartenschere ab, die immer neben dem Topf liegt. Läuft der Wasserhahn ohnehin, besprühe ich wie selbstverständlich die Farne, die Wasser immer willkommen heißen. Und während ich am Topf mit der gescheckten *Epipremnum* vorbeigehe – einer Pflanze, die nicht oft gegossen werden muss, deswegen aber leicht vergessen wird –, stecke ich kurz den Finger in die Erde, um ihre Feuchtigkeit zu prüfen. Außerdem gieße ich manchmal die Pflanzen mit genau der Menge Wasser, die gerade in das Gefäß passt, das ich zufällig in der Hand halte, wenn ich in mein Arbeitszimmer gehe, um zu schreiben. Wenn ich mein Notebook zum Aufladen an die Steckdose anschließe, schalte ich dabei auch die Pflanzenlampe ein. Und wenn mir der nächste Satz nicht einfallen will, stehe ich vom Schreibtisch auf, laufe durch die Wohnung und streue ein wenig Dünger auf die Pflanzen.

Letztlich sind all diese Handlungen mit meinem Alltag verwoben. Vielleicht ist genau das die Art von Zuwendung, die am längsten währt: Fürsorge oder Liebe, die sich in eine Gewohnheit wandelt, so selbstverständlich, dass einem das Geben gar nicht mehr bewusst ist.

Nach der Rückkehr von meiner Reise stellte ich fest, dass der Zustand einiger Pflanzen trotz der Pflege meiner Mutter nicht gut war. Mit Bedauern betrachtete ich einige Pflanzen, deren Blätter völlig vertrocknet waren, goss sie aber einfach wie gewohnt.

Der *Eucalyptus melliodora* war wie zu erwarten verdorrt, doch zu meinem Erstaunen hatte auch der *Miss-Kim*-Flieder sämtliche seiner üppigen Blätter abgeworfen, nur noch kahle Zweige waren übrig geblieben. Inzwischen konnte der Flieder glücklicherweise wieder grüne Blätter austreiben, doch der Eukalyptus schien weiterhin verdorrt zu sein. Trotzdem schnitt ich ihn nach dem Gießen auch mit der Gartenschere zurück. Vielleicht vergebens – aber trotzdem gehört es zu meinen Gewohnheiten, soweit wie möglich alles zu versuchen. Auch wenn etwas nicht zurückkehrt, auch wenn man nichts dafür erhält, bleibt einem nichts anderes übrig, als sich bis zuletzt zu bemühen und es ganz langsam loszulassen, denn auch das ist eine Facette der Liebe, wie wir sie kennen.

Bitte bete für ihn

Da unser Hund schon länger altersbedingt krank war, blieb mir Zeit, mich vorzubereiten. Der wichtigste Teil dieser Vorbereitung bestand darin, in Internetforen für Menschen mit kranken Haustieren mitzulesen. Letzte Woche rief mich meine Mutter morgens an und sagte mit tränenerstickter Stimme:

»Janggun hat uns verlassen.«

Ich wusste sofort, was als Erstes zu tun war: das Bestattungsunternehmen anrufen und in den Blumenladen gehen, um einen kleinen Trauerstrauß zu kaufen.

Als ich aus dem Haus trat, empfing mich das Herbstlicht ungewöhnlich kräftig und klar, als bohrten sich die Sonnenstrahlen direkt in die Pflastersteine. Im Blumenladen in der U-Bahn-Passage fragte mich die Inhaberin freundlich:

»Für welchen Anlass sind die Blumen?«

Ich war zunächst so überrascht, dass mir die Worte stockten. Vielleicht war ich ihre erste Kundin an diesem Morgen, außerdem war ich mir unsicher, ob ich ihr diese traurige Nachricht überhaupt zumuten durfte. Doch mir fiel keine andere Erklärung ein, also antwortete ich ehrlich:

»Unser Hund ist gestorben.«

Meine Stimme zitterte, sie klang fremd. Denn tatsächlich war ich nun ein anderer Mensch geworden – jemand, der ohne das freundliche Wesen weiterleben musste, das ihn achtzehn Jahre begleitet hatte. Die Floristin empfahl Chrysanthemen für den Strauß. Ich fügte noch kleine gelbe Blüten hinzu, deren Blütenblätter zart und niedlich wirkten.

»Ich habe selbst zwei Hunde. Sieben Jahre alt sind sie«, sagte die Floristin vorsichtig, während sie mit schnellen, geübten Händen die Stiele zurechtschnitt und die Blätter säuberte. Ich sah ihr dabei zu und erwiderte:

»Ach wirklich?«

Vielleicht lächelte ich sogar dabei.

»Ja, sie kommen bei mir immer zuerst. Wenn ich den Laden schließe und nach Hause komme, füttere ich sie, bevor ich selbst esse. Meine Freunde sagen, ich solle das nicht tun, aber ich kann einfach nicht anders.«

»Stimmt, das geht gar nicht anders. Sie sind doch einfach zu süß. Bei mir war es genauso.«

»Ja, sie sind immer die VIPs.«

Während sie die Blumen in dünne Folie einschlug, erzählte sie mir, dass zwei- bis dreimal im Monat Kunden in den Laden kämen, um einen Trauerstrauß zu kaufen. Mein Zögern beim Betreten des Ladens war also unbegründet gewesen. Als ich ihr meine Kreditkarte überreichte, nahm sie diese mit leicht geneigtem Oberkörper entgegen und sagte, als ich den Laden verließ:

»Verabschieden Sie ihn gut.«

Ganz in der Nähe hatte sich vor einiger Zeit ein tragi-

scher Unfall ereignet, bei dem Menschen ums Leben gekommen waren. Seit ich davon wusste, blieb mein Blick immer an dieser Stelle hängen, jedes Mal empfand ich Schmerz. An diesem Morgen umso mehr. Zu den Blumensträußen, die nach dem Unfall auf dem Bürgersteig abgelegt wurden, waren seitdem noch viele hinzugekommen. Trotzdem leben wir einfach weiter, laufen durch die Stadt, fahren Bus, gehen einkaufen, während der Tod so nah an unserer Seite ist. Diese kleinen, schönen Sträuße sind das Einzige, was wir tun können, um Trauer und Ohnmacht zu begegnen. Wenn unser Herz schwer ist und schmerzt, suchen wir Halt in solchen Dingen, in Blumen, Bäumen, im Mond, in den Wellen, im Himmel, in den Wolken – in all dem, was allen gegeben ist und nicht wirklich besessen werden kann und gerade deshalb eine absolute Kraft zu besitzen scheint.

Als ich erwähnte, Blumen mitgebracht zu haben, fragte der Bestattungsleiter:

»Sollen wir sie mit hineinlegen?«

Ich nickte. Meine Mutter meinte, der Hund sei so abgemagert und würde vielleicht frieren, deshalb hatte sie ihm ein warmes Winterleibchen angezogen. Der Bestattungsleiter sagte darauf, dass gerade die Sachen, die er gewöhnlich getragen habe, das beste und schönste Leichentuch sei, und lobte sie für diese Entscheidung. Dann bat er uns, Abschied zu nehmen.

So nahm ich unseren Hund, der durch seine Lähmung seit über einem Jahr nicht mehr laufen konnte, noch einmal in die Arme – meinen treuen Freund, der mich von der frischgebackenen Uni-Absolventin bis zur Autorin mehrerer Bücher begleitet hatte. Ich hielt ihn, streichelte ihn, und alles, was ich nicht in Worte fassen konnte, floss in meine Tränen. Vor dem Einäscherungsofen zeigte der Bestattungsleiter uns unseren Hund ein letztes Mal. Er wartete einen Moment, damit ich ihn noch etwas ansehen konnte, und legte schließlich behutsam die Vorderpfoten des Hundes über den Blumenstrauß, den ich für ihn mitgebracht hatte – als hielte er ihn liebevoll im Arm.

»Schau, Janggun lächelt, weil man ihm Blumen geschenkt hat«, sagte meine Mutter.

Mein Hund, dessen Lefzen immer ein wenig herabhingen, schien tatsächlich schelmisch zu grinsen, wie so oft vor seinem Tod. *Du hast dein Bestes gegeben*, sagte ich ihm still im Herzen. Ich wusste um das Leben meines Hundes, der mit sechs Jahren sein Augenlicht verlor und die folgenden zwölf Jahre blind verbrachte und trotzdem tapfer weiterlebte. Ich war dankbar, dass ich sein Leben begleiten und es nun zum Abschied mit Blumen segnen durfte. An diesem Trost, sagte ich mir in Gedanken, muss ich mich nun festhalten.

Am selben Abend meldete sich eine Freundin. Wir hatten uns ein paar Tage zuvor gesehen und über den verschlechterten Zustand meines Hundes gesprochen – und nun hatte er uns schon verlassen. Ich sagte ihr ganz offen, dass ich mir die Augen aus dem Kopf geweint hatte. Dass ich am Abend hinausgegangen und ziellos durch die Straßen gelaufen war, weil ich nicht allein sein konnte. Seltsam war jedoch, dass sich sein Tod immer noch nicht real anfühlte.

»Das wird noch lange so bleiben«, sagte meine Freundin, die vor einigen Jahren ihre Mutter verloren hatte.

»Man hat das Gefühl, sie sei noch da, als könnte man sie anrufen und ihre Stimme hören. So war das bei mir.«

In jedem ihrer Worte lag ein zarter Schmerz, wie der eines verlassenen Kindes. Dann wechselte sie das Thema.

»Aber du hast immer noch deine Pflanzen. Kümmere dich gut um sie«, sagte sie aufmunternd.

»Ich glaube, das schaffe ich nicht«, antwortete ich. »Im Moment fällt mir alles schwer.«

»Sag so was nicht, das wirst du später bereuen. Gib ihnen Wasser, kümmere dich um sie, ja?«

Seit dem Sommer, als mein Hund schwer krank geworden war, hatte ich mich kaum noch um meine Pflanzen kümmern können. Immer mehr Blumentöpfe standen leer, manche Pflanzen waren vertrocknet. Ich konnte mich nur dazu aufraffen, sie hin und wieder zu gießen oder ein paar Zweige zu stutzen.

Meine Freundin versprach, für meinen Hund zu beten, dass es ihm im Himmel gut gehe und er keine Schmerzen mehr habe. Da sie schon lange gläubig war, vertraute ich ihren Worten besonders.

»Dann kannst du vielleicht auch dafür beten, dass mein Janggun dort wieder sehen kann?«, fügte ich fast unbewusst noch eine Bitte hinzu. Sie versprach es mir, das gab mir Kraft.

Als ich nach dem Telefonat auf den Balkon hinaustrat, war es bereits nach Mitternacht. Die *Monstera adansonii*, die früher so kräftig gewachsen war, dass ich sie dreimal geteilt und durch Ableger vermehrt hatte, stand nun neben der Balkontür, nur noch mit einigen vertrockneten Blättern am Stamm. Auch die *Begonia corallina*, die früher ununterbrochen blühte, hatte ihre Farbe verloren und keine neuen Blüten mehr hervorgebracht. An diesem Abend fühlte ich mich so leer, dass mir jede Sorge um etwas anderes unmöglich schien. Und doch zwang ich mich, zum Wasserhahn in der Küche zu gehen. Vielleicht, so dachte ich, war das auch eine Art Gebet. Die leise Hoffnung, dass eine kleine Geste irgendwann zu etwas Größerem werden könnte – zu dem, was ich mir von Herzen wünschte. In diesem bittenden, fast betenden Zustand gab ich meinen Pflanzen Wasser und strich sanft über ihre Blätter, bevor ich ins Arbeitszimmer zurückging.

Unser Second Step

Als ich in die Welt der Pflanzen eintauchte, lernte ich über YouTube den Ausdruck *second step* kennen. Ein Experte für Begonien zeigte in einem Video auf eine einstämmige Begonie und betonte, dass ein einzelner Trieb zu unsicher sei und deswegen erst ein *second step* entstehen müsse, damit man beruhigt sein könne. Gemeint war wohl eher ein *second stem* – der zweite Trieb, der neben dem ersten Spross wächst. Ein solcher zusätzlicher Austrieb war das sichere Zeichen für ein gesundes Wachstum.

»Sehen Sie? Sobald ein *second step* gewachsen ist, muss man sich keine Sorgen machen, auch wenn der erste Trieb eingeht!«, erklärte der Experte begeistert.

In meiner Wohnung ist es die *Pilea peperomioides*, die immer wieder solche *second steps* hervorbringt. Wegen ihrer großen, runden Blätter wird sie in China auch »Geldbaum« genannt. Sie ist leicht zu pflegen und bereitet selbst Anfängern große Freude. Auch bei mir wächst sie unermüdlich und treibt munter aus. Ich habe schon drei weitere Pflänzchen daraus gezogen. Solche *second steps* bedeuten, es gibt ein Danach, eine Kraftreserve, um das Morgen zu überstehen. Immer wenn ich mir zu viele Gedanken über die

Zukunft mache, erinnere ich mich an diesen Experten im Video.

Nach dem Tod unseres Hundes schien sich meine Mutter verändert zu haben. Vor einigen Tagen rief sie mich an und schlug vor, gemeinsam die Versicherungsunterlagen einer Police durchzusehen, die sie vor über zwanzig Jahren für mich abgeschlossen hatte. Sie meinte, da sie sich gerade mit ihren eigenen Versicherungen beschäftige, wolle sie nun auch meine kontrollieren. Ich verstand nicht recht, warum sie plötzlich damit anfing, es gab ja für mich keinen Anlass, jetzt sofort eine Versicherung in Anspruch nehmen zu müssen, deshalb verschob ich das Treffen. Eine Woche später war sie allein zum Versicherungsmakler gegangen und hatte sich über die Bedingungen und Leistungen informiert.

»Diese Versicherung deckt alle Krebsarten ab, die andere auch gynäkologische Erkrankungen, und diese hier gilt, falls du sie erneuerst, sogar bis zum hundertsten Lebensjahr«, erklärte sie und zeigte mir die Unterlagen. Als sie merkte, dass ich ihr nicht wirklich zuhörte, fügte sie hinzu:

»Was machst du, wenn ich eines Tages nicht mehr da bin?«

Ich bin zwar wirklich jemand, der solche Dinge wie Versicherungsanträge schlecht im Blick behält, aber mussten wir jetzt wirklich über so etwas wie Krebs, Knochenbrüche und Tod sprechen? Als ich langsam müde wurde, sagte meine Mutter:

»Wenn ich sterbe, zahlt diese Versicherung auch ein Beileidsgeld. Merk dir das gut.«

Dass nichts ewig währt, ist eine einfache, klare Wahrheit. Und doch vergessen wir das im Alltag nur allzu leicht. In Wahrheit können wir wohl gerade deshalb leben, weil wir vergessen – ja, um weiterleben zu können, müssen wir sogar vergessen. Die Kraft, die uns durch die Gegenwart trägt, liegt vielleicht genau in dieser Vergessenheit. Doch nachdem mein Hund gestorben war, wurde mir das unausweichliche Schicksal der »Nicht-Existenz«, das uns allen bestimmt ist, plötzlich als etwas Gegenwärtiges, Drängendes bewusst. Meine Mutter dachte, so wie der Hund gegangen war, könnte auch sie eines Tages nicht mehr an meiner Seite sein. Und was würde dann aus ihrer Tochter werden? Ganz konkret fragte sie sich wohl, ob ich wenigstens in der Lage wäre, im Krankheitsfall eine Versicherungsleistung richtig zu beantragen.

Als ich mit meinen Gedanken so weit gekommen war, machte ich mir Sorgen, dass meine Mutter ihr eigenes Alter plötzlich als eine Art Bürde empfand. Und doch wäre es anmaßend gewesen, wenn ich, die noch längst nicht so viel erlebt hatte wie sie, ihr mit sorgloser Zuversicht begegnet wäre, als gäbe es keine Zukunft ohne sie. Was konnte ich also tun? Ich beschloss zunächst, sie ab sofort öfter zu treffen und regelmäßig bei ihr anzurufen. Vor einigen Tagen haben wir uns am Expressbusbahnhof gesehen. Mein Onkel aus Daegu kam zur Behandlung in ein Krankenhaus in Seoul, deshalb war auch meine Mutter dort. Er leidet an Trigeminusneuralgie – eine schmerzhafte Krankheit, die paradoxerweise dafür sorgte, dass die Geschwister sich nun häufiger sahen. Normalerweise trafen sie sich höchstens alle zwei, drei Jahre.

Als meine Mutter meinen Onkel zu seiner ersten Behandlung begleitete, weinte sie so heftig, dass ihre Augen ganz rot wurden. Inzwischen aber geht sie etwas gefasster ins Krankenhaus, isst mit ihm zu Mittag und verabschiedet ihn dann wieder, wenn er zurück nach Daegu fährt. Welche Gefühle in diesen Momenten des Wiedersehens und des Abschieds in ihr aufsteigen, liegt außerhalb dessen, was ich mir vorstellen kann. Ich kann auch nicht ermessen, was im Herzen einer älteren Schwester vorgeht, die jedes Mal vom Arzt hört, dass eine vollständige Heilung unmöglich sei, und sie anschließend ihrem jüngeren Bruder nachblickt, wenn er nach Hause fährt. Auch kann ich nicht wissen, ob sie einfach tief traurig und voller Schmerz ist oder ob in den unzähligen Morgen, die sie in ihrem Leben schon erlebt hat, so etwas wie ein Silberstreifen aus Hoffnung und Zuversicht zu leuchten beginnt. Ich kann nur, während ich meine Mutter beobachte, erahnen und langsam begreifen, was mich selbst in einigen Jahrzehnten erwartet, und daraus etwas lernen.

Eines Tages trafen meine Mutter und ich uns am Bahnhof und gingen von dort aus zu einem Blumenmarkt. Da es ein Großhandel war, waren wir gespannt, wie viele verschiedene Blumen dort zu günstigen Preisen angeboten würden. Leider schloss der Markt für Schnittblumen bereits mittags. Obwohl ich eine Covid-Maske trug, konnte ich den intensiven Duft der Blumen wahrnehmen, trotzdem gab es nur künstliche Blumen zu kaufen. Ich war enttäuscht und murmelte, dass ich nur frische Blumen kaufen wolle, keine künstlichen. Da entdeckte ich in einem Laden einen an der Decke befestigten Kranz aus Rosen, Lilien, Rittersporn, Wildblumen, Ranunkeln und Gänseblümchen … Wie verzaubert blickten meine Mutter und ich lange zu diesen märchenhaft schönen Blumen hinauf.

»Gibt es diesen Kranz auch in einer kleineren Größe?«, fragte ich schließlich die Ladeninhaberin.

»Wofür brauchen Sie ihn denn eine Nummer kleiner?«

Ich ging nicht näher darauf ein und wiederholte nur, er müsse kleiner sein. Doch die Inhaberin hakte nach, worauf diesmal meine Mutter ohne Zögern antwortete.

»Für die Urne unseres verstorbenen Hundes.«

Sie kam ganz ohne Umschweife auf den Punkt und sprach damit genau das aus, was ich zwischen all den prunkvollen Kunstblumen nicht über die Lippen gebracht hatte, nämlich den Wunsch nach einem Kranz, der den Schmerz und unsere Trauer ein wenig lindern konnte.

Soweit ich weiß, bewahren Pflanzen bei der Bildung ihres *second stems* immer einen respektvollen Abstand zu den bestehenden Zweigen. Wächst ein neuer Trieb, bedeutet das nicht etwa, das der ursprüngliche Stamm verdrängt wird. Oder gar, dass der Hauptstamm den neuen Trieb absterben lassen würde.

Still und unauffällig widmen sie sich jeweils ihrem nächsten Schritt, als wüssten sie längst um die natürliche Richtung allen Lebens. Sie lehren uns, dass es in unserer Verantwortung liegt, über das Kommende nachzudenken und selbst darüber zu entscheiden.

Ab Morgen will ich mir etwas weniger Sorgen um meine Mutter machen.

Was die Olive tut

Nicht alle Pflanzenhüter bringen für jede ihrer Topfpflanzen die gleiche Zuneigung auf. So war es bei mir mit einem Olivenbäumchen. Vor etwa zwei Jahren hatte ich mir, verführt von dem tiefen, edlen Grün seiner Blätter, die mich an den Mittelmeerraum denken ließen, zum ersten Mal ein solches Exemplar nach Hause geholt. Ich hatte das Olivenbäumchen im Internet bestellt, doch als es ankam, war sein Zustand enttäuschend. Es war kleiner als gedacht, an mehreren Stellen waren die Zweige scharf abgeschnitten, als hätte man die Schere allzu heftig angesetzt. Kurz gesagt, es entsprach meinen Erwartungen überhaupt nicht. Aber da es kaum mehr als zehntausend Won gekostet hatte, setzte ich es einfach in einen Tontopf um. Ich dachte, mit Sonne und regelmäßigem Gießen wird es sicher prächtig gedeihen, schließlich ist die Olive ein immergrünes Gewächs.

Doch die Olive wuchs nicht. Sie veränderte sich überhaupt nicht, wie eine künstliche Pflanze. Neue Blätter trieb sie kaum, hin und wieder fiel ein vertrocknetes Blatt ab. Nur daran konnte man erkennen, dass sie überhaupt lebte. Es war, als lese man ein langweiliges Buch, in dem nichts passiert. Ich hatte leidenschaftliche, mediterrane Lebensfreude erwartet, etwa wie in dem Film *Mamma Mia!*, voller Sonne, Energie und Emotionen. Stattdessen fand ich mich in einem stillen, experimentellen Autorenfilm wieder, der sich minutiös in Alltagsdetails verliert. Jedenfalls war der Zustand meiner Olive das genaue Gegenteil meiner Erwartungen.

Etwa zur selben Zeit eröffnete ein neues Café in der Nachbarschaft. Davor stand ein prächtiger Olivenbaum, wesentlich größer als meiner, mit weit ausladenden Ästen und üppigem Laub, dessen Blätter wie kleine Oliven geformt waren. Ich betrachtete, wie er sich im Wind wiegte, er wirkte ungemein anmutig und elegant auf mich. Alles, was man mit Oliven verbindet – Frieden, Sonne, Ernte, Fruchtbarkeit, Leben und Fülle – schien in diesem Baum verkörpert zu sein. Versonnen stand ich da und sah ihn wie verzaubert an, während mein Mann mich drängte, im Café nachzufragen, woher sie diesen Baum hätten, um ein gleiches Exemplar zu kaufen. Der Inhaber würde es mir ganz bestimmt sagen, meinte er.

»Wie soll ich das denn machen?«, antwortete ich nur und machte mit dem Handy ein paar Fotos des Baumes. Ich wollte damit nicht ausdrücken, dass ich mich schämte zu fragen, sondern dass ich es irgendwie nicht übers Herz brachte, schließlich hatte ich ja selbst schon ein Olivenbäumchen zu Hause. Manche Menschen kaufen gleich mehrere Exemplare der gleichen Pflanze, andere – wie ich – ziehen es vor, von jeder Art nur eines zu besitzen. Abgesehen von Ablegern oder Stecklingen gab es in meiner Wohnung keine Pflanze doppelt. Warum das so war, wusste ich selbst nicht genau. Es war jedenfalls nicht bloß der Wunsch, mehr Vielfalt zu besitzen. Auch wenn ich die gleiche Pflanze mehrfach geschenkt bekam, freute ich mich darüber. Es fühlte sich nur falsch an. Auf meinem Balkon, dachte ich, sollte jede Pflanze einzigartig sein, mit eigenem Charakter und eigener Präsenz.

Seitdem achtete ich bei jedem Besuch im besagten Café auf die Olive dort und kümmerte mich umso mehr um meine eigene zu Hause. Eines Tages fiel mir auf, dass ihre Blätter hart und grau geworden waren. Als ich eines anfasste, löste es sich leblos von der Zweigspitze.

»Weißt du was? Ich glaube, sie ist eingegangen«, rief ich und lief ins Arbeitszimmer. Mein Mann sah vom Schreibtisch auf und machte ein überraschtes Gesicht.

»Wer ist eingegangen?«

»Die Olive.«

»Aber du grinst doch, oder?«

»Ach was, nein.«

»Doch, ganz sicher! Du freust dich insgeheim schon darauf, eine neue zu kaufen, stimmt's?«

Doch während ich abwinkte, dachte ich tatsächlich daran, mir eine neue Olive anzuschaffen, und nahm mir vor, im Café nach der Sorte zu fragen. Inzwischen war der Sommer vergangen und der Herbst hatte Einzug gehalten. Bis zum Sommer war mein Hund noch bei mir gewesen, er lag neben mir und »sprach« zu mir auf seine Weise: *Hilf mir auf, bring mir Wasser, wechsle bitte das Tuch*. Doch mit dem Voranschreiten der Jahreszeiten verließ er uns, danach musste ich gegen eine große Leere ankämpfen, um überhaupt den Alltag bewältigen zu können. Erst einige Wochen nach diesem Verlust begann ich wieder, meine Pflanzen regelmäßig zu gießen. Auch das Pflanzenlicht schaltete ich nach langer Zeit wieder ein.

Etwas, das man mit liebevoller Fürsorge pflegt, lässt sich nicht so leicht durch ein anderes ersetzen. Das fürsorgliche Herz bleibt immer dasselbe, ganz gleich, wem es sich widmet. Doch wenn es völlig erlischt, kann es auch für nichts mehr Fürsorge leisten.

Eines Tages bemerkte ich, dass meine *Hoya multiflora*, die so üppig geblüht hatte, dass es mir fast zu viel war, nun kurz vor dem Vertrocknen stand. Auch der *Cotinus coggygria*, den ich zu unregelmäßig gegossen hatte, war völlig ausgedörrt und schien kaum noch zu retten zu sein. Dann, an einem Tag, als ich wieder ein wenig Kraft gesammelt und den Balkon betreten hatte, sah ich plötzlich eine Veränderung. Neue Blätter an der Olive. Ganz oben an den Zweigen trieben frische Triebe aus. Ihre Farbe war so zart und hell, dass sie im Sonnenlicht fast gelblich schimmerten. Ich war überwältigt und hatte Tränen in den Augen – wegen der Olive, die nach langem Schweigen endlich wieder zu leben begann.

Warum die Olive plötzlich wieder wuchs, weiß ich nicht. Ich hatte sie nicht gedüngt und ihr auch keine besondere Pflege zuteilwerden lassen, sie nicht einmal mehr besonders beachtet. Wenn überhaupt, dann hatte ich sie im Herbst, während meiner antriebslosen Phase, eher zu selten gegossen. Ich las nach, dass Oliven in mediterranem Klima sehr empfindlich gegenüber Staunässe reagieren und besonders junge Pflanzen trocken gehalten werden müssen. Ich wusste nicht, wie alt meine Olive war, da ich sie im Internet gekauft hatte, aber vielleicht hatte sie in dieser Phase der Vernachlässigung genau die Bedingungen gefunden, die sie brauchte, um still ihre Kraft zu sammeln. Dabei erkannte ich auch einen Irrtum: Die weißlichen Flecken auf den Blättern waren keine Krankheit, sondern Kalkablagerungen aus dem Leitungswasser. Sie hatten also nichts mit dem Zustand der Pflanze zu tun, sie bedeuteten einfach nur, dass unser Wasser stark kalkhaltig war.

Jetzt, im November, treibt die Olive an jedem ihrer kargen Knoten neue Blätter und scheint diesen Monat zu genießen. Wie jemand, der aus einem dunklen Tunnel ins Licht zurückkehrt, strahlt sie eine stille, in sich selbst ruhende Freude aus. Wenn ich daran denke, dass sie all die Zeit über unbeweglich dastand, um für diesen Moment Kraft zu sammeln, fühle ich mich fast schuldig wegen meiner Unwissenheit. Doch meine widersprüchlichen Gefühle kümmern die Olive nicht im Geringsten. Sie wächst einfach weiter, breitet ihre neuen Blätter aus, streckt sich dem Licht entgegen. Genau das ist es, was sie tut – was sie von Anfang an vorhatte, auf ihre ganz eigene, selbstbestimmte Weise.

Was ich erst durch die Corokia richtig verstanden habe

Unter Pflanzenliebhabern gibt es einen selbstironischen Spruch. Fragt man, was zu tun ist, wenn eine Pflanze kränkelt, gibt es eigentlich keine richtige Antwort. Auch wenn die Symptome unterschiedlich sind, ist die Antwort immer dieselbe: angemessene Bewässerung, ausreichende Belüftung und genug Licht. Wenn Blätter hängen, gelb werden oder vertrocknen, schicke auch ich manchmal ein Foto an den Händler und frage nach – meistens kommt dann genau diese Antwort zurück. Und wenn ich nach mehrmaligem Nachfragen wissen möchte, ob es nicht doch eine spezielle Behandlung gibt, endet das Gespräch immer mit dem ermutigenden Satz: »Geben Sie ihr einfach noch etwas Zeit!« Die Antwort steht also im Grunde immer schon fest.

Nur in seltenen Fällen wird ein anderer Rat gegeben, etwa, wenn Schädlinge auftreten. Auf meinem Balkon tauchen Spinnmilben häufig auf, auch im letzten Sommer haben sie großen Schaden angerichtet. Meine *Acacia dealbata* ist daran eingegangen. Es war eine Pflanze, die ich an einem späten Frühlingstag in meinem Lieblingsblumengeschäft in Tongin-dong gekauft hatte. Ich erinnere mich noch gut daran, wie ich zusammen mit der Floristin diese Akazie betrachtete und sie mir versprach, dass ihre Blätter im Herbst noch schöner werden würden. Während ich mir in der Hocke die Pflanze besah, kam der Hund der Inhaberin vorbei und beschnupperte mich neugierig. Damals riet mir die Floristin, für besseres Wachstum die oberen Zweige mutig zurückzuschneiden.

»Ach, das bringe ich nicht übers Herz«, sagte ich.

»Doch, Sie müssen. Das ist wichtig.«

Obwohl ich mich nur schwer dazu durchringen konnte, verlor ich die Akazie schließlich an ein Heer von Spinnmilben, das sie wie mit einem weißen Schleier überzog und erstickte. Den ganzen Sommer über nagte dieser Verlust an mir.

Nebenbei bemerkt, ich bekämpfe Schädlinge nicht nur mit Insektiziden, sondern auch mit häufigen Wasserduschen. Dabei gieße ich Wasser von oben über die Pflanze, um die Blätter zu reinigen. Selbst wenn das Insektizid als umweltfreundlich beworben wird, schwächt es die Pflanzen oft oder verschlechtert ihren Zustand über Nacht, deshalb habe ich mich für diese Methode entschieden. Ganz auf Insektizide verzichten kann man zwar nicht, aber wenn sich Schädlinge mit Wasser vertreiben lassen, würde ich diese Methode jederzeit empfehlen. Letztlich läuft auch hier die Antwort wieder auf das Gleiche hinaus, nämlich Wasser. Die Probleme sind vielfältig, die Widrigkeiten des Balkons endlos, und doch scheinen die Lösungen immer dieselben zu sein.

Auf jedem Balkon gibt es Pflanzen, die leicht eingehen. Bei mir ist es die *Maori Corokia*, eine neuseeländische Pflanze. Unter Pflanzenfreunden ist sie sehr beliebt, ihre feinen Zweige und winzigen Blätter verleihen ihr eine elegante, filigrane Erscheinung. Besonders faszinierend ist, dass ihre Äste nicht einfach in eine Richtung wachsen, sondern sich zart verzweigen und verschlingen. Wenn andere Pflanzen klare, wie mit Filzstift gezogene Linien aufweisen, dann gleicht die Corokia eher einer feinen Pinselzeichnung, fragil und fein verzweigt.

Durch die Pflanzenpflege habe ich gelernt, dass der wahre Grund, warum Menschen sich Pflanzen zulegen, nicht darin liegt, sich ein Teil der Natur nach Hause zu holen, sondern um etwas zu schaffen, das zwischen Natur und Objekt, zwischen Lebendigem und Künstlichem schwebt. Wir wünschen uns, dass die Pflanze zwar ihre Natur behält, aber zugleich als eine Art Objekt fungiert – leicht vom Natürlichen entfernt, um als Gestaltungselement zu wirken. In diesem Sinne ist die Corokia in vielerlei Hinsicht eher ein Objekt als ein Stück unberührter Natur. Ihre winzigen, hirsekorngroßen Blätter, ihre feinen, zarten Zweige und selbst die Wachstumsbedingungen – seltenes Gießen, trockene Erde bis an die Grenze der Austrocknung – unterstreichen diesen Eindruck. Und wenn es sich dann noch um die silberblättrige Corokia handelt, wird ihre fast künstlerische Anmutung umso außergewöhnlicher.

Doch aus irgendeinem Grund scheitere ich bei ihr jedes Mal. Pflanzen zu pflegen mutet manchmal an, als würde man mit ihnen sprechen – manchmal versteht man sich, manchmal findet man keinen Zugang. Mit der Corokia war es eher Letzteres. Das erste Exemplar, das ich kaufte, hatte silberne Blätter und stand wie ein filigranes Kupferdrahtgebilde im Wohnzimmer. Normalerweise kaufe ich Pflanzen im Plastiktopf und setze sie selbst um, doch diese Corokia stand bereits in einem hübschen Keramiktopf mit Holzständer. Ich hatte sie im Internet entdeckt und sofort bestellt. Jeder, der sie sah, fragte: »Ist die aus Kunststoff?« Wenn ich dann »Nein, sie lebt!« antwortete, erntete ich stets erstaunte Blicke.

Damals war mir noch nicht bewusst, wie empfindlich die Corokia ist, und goss sie ohne besondere Vorsicht. Eines Tages jedoch wurde ich unsicher – lebte sie überhaupt noch? Die Blätter waren ohnehin trocken, die Farbe der Zweige sah unverändert aus. Also trug ich sie eilig auf den Balkon, gab ihr Wasser und ließ sie Sonne tanken. Aber schließlich musste ich akzeptieren, dass ich einem Lebewesen Wasser gegeben hatte, das in Wahrheit längst aufgehört hatte zu wachsen. Und doch sah die Corokia kaum anders aus als im lebendigen Zustand, abgesehen davon, dass ihre Blätter bei der leisesten Berührung zerfielen.

Eine Weile lang konnte ich mich nicht dazu überwinden, die Corokia zu entsorgen. Schließlich gibt es ja auch Pflanzen, die bewusst getrocknet werden, um sie als Trockenblumen zu erhalten, warum also nicht ihre Schönheit noch ein wenig genießen? Doch der Unterschied zwischen »getrocknet« und »vertrocknet« war deutlich wahrzunehmen. Das eine ist gewollt, das andere ein Verlust. Immer musste ich daran denken, dass diese Pflanze einmal gelebt hatte. Und vor allem musste ich nun jedem, der nach ihr fragte, erklären, dass sie eingegangen war. Schließlich hielt ich es nicht mehr aus. Ich zog sie aus dem Topf und steckte sie in einen Müllsack. Die spröden Zweige knackten beim Zerbrechen, was bei mir das Gefühl hinterließ, rohe Gewalt angewandt zu haben.

Auch spätere Versuche mit Corokias endeten ähnlich. Selbst als ich mich für eine Sorte mit grünen Blättern entschied, die ihren Zustand besser erkennen ließ, zeigte sich das Scheitern nur umso deutlicher. Der Name *Maori corokia* soll daher rühren, dass diese Pflanze selbst in kargen Umgebungen gut gedeiht – ein Sinnbild der widerstandsfähigen Lebenskraft des Maori-Volkes. Doch unglücklicherweise schien mein Balkon für sie eine noch lebensfeindlichere Umgebung als Wüsten oder Klippen zu sein. Dieser Gedanke war seltsam, denn genau dort verbringe ich fast jeden Tag. Vielleicht liegt darin auch der Grund, warum uns der Anblick einer verdorrten Pflanze so seltsam berührt – weil er etwas über uns selbst aussagt.

Vor einigen Tagen stapelte ich alle leeren Blumentöpfe auf dem Balkon ineinander. Unter ihnen war auch jener, in dem die Corokia wuchs, auf die ich so stolz gewesen war. Eigentlich gehörte in diesen Topf wieder etwas, das einer Corokia ähnelt, doch ich konnte sie durch nichts ersetzen. Dieser leere Topf ließ mich an all die Pflanzen denken, die ich nicht am Leben halten konnte. Warum sind sie alle eingegangen? Ich sann darüber nach, nur um am Ende wieder bei der alten, nutzlosen Binsenweisheit »Gute Belüftung, richtiges Gießen, ausreichend Licht« zu landen – ein Satz, den jeder Pflanzenliebhaber kennt, der aber letztendlich kaum weiterhilft.

Auch an jenem Tag verlor ich mich in solchen Gedankenspielen. Plötzlich fragte ich mich, ob ich mich nicht zu sehr mit allem identifizierte, was auf meinem Balkon mit den Pflanzen geschah. Was sollte ich schon ausrichten können? Nur weil ich mich für diese Pflanzen entschieden hatte, bezog ich jeden Erfolg und jedes Scheitern auf mich selbst. Aber diese Art der Einmischung fühlte sich nicht wie eine verantwortungsvolle Fürsorge an, sondern wie eine ungesunde Bindung. Unsere Möglichkeiten einzugreifen, sind begrenzt. Wir können keine vollkommenen Herrscher über das Leben sein. Gerade diese Diskrepanz, diese unbekannten Räume dazwischen, führt dazu, dass manche Pflanzen gedeihen und andere eingehen. Vielleicht sind die Worte *»Licht, Luft und Wasser«* daher weniger eine Anleitung als ein Trost – ein Glaubenssatz, der all die Gescheiterten der Pflanzenpflege aufrichtet und sie von ihrer Selbstanklage erlöst.

Als ich vor einigen Tagen einen Laden in einem Blumengroßhandel besuchte, empfahl mir der Inhaber eine *Maori-Sophora*, eine Art, die der Corokia ähnlich ist. Er sagte, junge Leute würden diese Pflanzen lieben, er habe gerade einige Exemplare ins Sortiment aufgenommen. Noch im Frühling hatte der Großhandel vor allem Pflanzen zur Luftreinigung für Büros im Angebot, doch inzwischen scheinen nun auch Privatkunden wie ich zur Zielgruppe geworden zu sein, weil das Interesse an sogenanntem *plant interior,* also der Wohnraumgestaltung mit Pflanzen, gewachsen ist. Noch immer war diese exotische Pflanze wunderschön, und mein Balkon – inzwischen mit Pflanzenlicht und Ventilator ausgestattet – bot wohl bessere Bedingungen als früher. Doch ich schüttelte den Kopf. Es war kein Gefühl von Unsicherheit, die Pflanze vielleicht wieder nicht richtig großziehen zu können, und auch kein schwindendes Interesse an ihr. Vielmehr war es ein nicht unangenehmes Gefühl des Scheiterns, als hätte ich – eben weil ich die Pflanze nicht am Leben erhalten konnte – sie auf eine seltsam tiefe Weise verstanden.

Eine wirklich wunderbare Geranien-Freundin

Seit meine Freundin Jeong-ah umgezogen ist, überlegen wir oft, wo wir uns am besten treffen könnten. Zunächst trafen wir uns, wie so oft, in der Nähe des Bahnhofs B. Da dort jedoch auch unsere Elternhäuser liegen, fühlte es sich seltsam an, als müssten wir gleich nach Hause eilen, um unsere kindliche Pflicht zu erfüllen. Auch als Erwachsene konnten wir uns von diesem unterschwelligen Druck nicht ganz befreien, also beschlossen wir, den Bahnhof B künftig zu meiden und einen neutralen Treffpunkt zu suchen. Nach mehrmaligem Hin und Her, sogar noch am Morgen unseres Treffens, entschieden wir uns schließlich für Sadang und saßen uns dort schließlich kurz vor Mittag in einem thailändischen Restaurant gegenüber.

Nachdem wir Essen und Bier bestellt hatten, rief Jeong-ah begeistert:

»Es ist noch nicht mal zwölf, und wir trinken schon Bier!«

Seit sie Mutter geworden war, richteten sich unsere Treffen automatisch nach ihrem Rhythmus, genauer gesagt nach dem Zeitplan und der Laune ihrer lieben kleinen Tochter Yeoni. Oft waren wir zu dritt, aber an diesem Tag hatte Yeoni meine Freundin überzeugt: »Mama, du musst jetzt auch mal deine Freunde treffen!« Also war sie mit Yeonis Segen aus dem Haus gegangen.

Beim Essen erinnerte sie sich plötzlich an etwas, zog ihr Handy hervor und zeigte mir einige Pflanzenfotos. Ich erinnerte mich, im Frühling hatte sie mir auch ein Bild gezeigt – ihre erste eigene Topfpflanze. Schon beim ersten Blick hatte ich gesagt: »Das ist eine Geranie«, worauf sie »Du bist ja eine richtige Pflanzenexpertin!« entgegnet hatte, was mich natürlich ein bisschen mit Stolz erfüllte. Sie erzählte, sie habe versucht, die Pflanze mit den Materialien umzutopfen, die ich ihr damals empfohlen hatte, aber schließlich doch den Mut verloren und sie in einem Blumengeschäft professionell eintopfen lassen. Und tatsächlich stand die Geranie nun in einem beigen Terrakottatopf, mit hübschen Kieselsteinen bedeckt. Für Anfänger kann das Umtopfen schwer sein, deswegen bereute ich fast, sie dazu ermutigt zu haben. Aber ich bestärkte sie, alles sei gut so und sehe sehr hübsch aus.

Jeong-ah erzählte, sie habe, wie ich es ihr geraten hatte, die verwelkten Blütenstängel abgeschnitten und die Blätter sorgfältig gepflegt, doch neue Blüten seien noch nicht erschienen. Ich beruhigte sie, es läge sicher daran, dass die Pflanze nach dem Umtopfen noch Zeit zur Anpassung benötige. Auch ich hätte eine Geranie zu Hause, die seit einem Standortwechsel keine Blüten hervorgebracht habe, als würde sie erst mal die Lage beobachten.

»Also braucht sie einfach noch Zeit«, sagte sie und nickte.

Dann gestand sie, sich inzwischen noch mehr Pflanzen zugelegt zu haben – eine Glücksfeder und eine Monstera. Sie zeigte mir Fotos und fragte besorgt, warum sich auf den Blättern der Glücksfeder Wassertropfen bildeten. Ich erklärte, das sei ganz natürlich, es sei überschüssiges Wasser, das nachts aus den Wurzeln aufsteigt und sich an den Blatträndern sammelt, also nichts, worüber man sich Sorgen machen müsse. Nur müsse sie aufpassen, nicht zu häufig zu gießen, die Glücksfeder sei sehr empfindlich gegenüber Staunässe. Sie lachte und erklärte, sie gieße ungefähr alle drei Wochen – genau richtig also.

»Yeoni wollte eigentlich ein Haustier, aber ich habe ihr erklärt, wir probieren es erst mal mit Pflanzen. Und das ist wirklich schön.«

Normalerweise nehme ich mir immer vor, mit meinen Freunden nicht zu viel über Pflanzen zu reden, aber als sie das erwähnte, konnte ich mich nicht mehr zurückhalten. Ich erzählte, wie leer die Wohnung plötzlich wirke, nachdem ich zum Reinigen der Klimaanlage alle Pflanzen weggeräumt hatte, und wie deutlich mir dabei bewusst geworden war, wie wichtig sie für das Raumgefühl sind. Seitdem ertappe ich mich oft dabei, wie ich meinem Mann scherzhaft sage, er solle sich immer wieder bewusst machen, dass er dank mir in einer so wunderbaren Umgebung lebt. Meiner Freundin versicherte ich, dass die Monstera, die sie zusammen mit der Glücksfeder gekauft hatte, eine prächtig wachsende Pflanze sei, die sie bald mit einer Fülle neuer Blätter belohnen werde. Während ich redete, dachte ich an einige Stecklinge zu Hause. Oft tat es mir leid, neue Triebe zu entsorgen, also hatte ich sie ins Wasser gestellt, bis sie Wurzeln schlugen. Nun aber vermehrten sich die Pflanzen so stark, dass meine ohnehin engen Platzverhältnisse immer begrenzter wurden. Am liebsten hätte ich einige davon Jeong-ah geschenkt, aber ich hielt mich zurück, denn zu viel »Missionierung« könnte ihre aufkeimende Begeisterung für Pflanzen schnell wieder dämpfen. Wenn alles gut liefe, könnten wir uns ja irgendwann nicht mehr in Sadang, sondern auf dem Blumenmarkt in Yangjae treffen, um uns gemeinsam Pflanzen anzuschauen. Ich zeigte ihr ein Foto meiner Begonie, einer Pflanze mit den schönsten Blättern in meiner Sammlung, und fragte, ob das nicht auch etwas für sie wäre. Jeong-ah war begeistert, worauf ich ihr versprach, ihr beim nächsten Mal gleich eine eingetopfte Begonie mitzubringen.

»Gern, aber lass ihr Zeit.«

»Ja, mache ich. Ich werde sie langsam daran gewöhnen.«

Die Geranie machte mir bewust, dass meine Freundin aufmerksamer und fürsorglicher war, als ich bisher gedacht hatte. Nachdem wir in Ruhe nach dem Essen unseren Tee getrunken hatten, erhob sie sich und reichte mir einen Umschlag. Sie hatte sich daran erinnert, dass ich neulich den siebzigsten Geburtstag meiner Mutter erwähnt hatte. Ich öffnete den Umschlag, darin befand sich eine Glückwunschkarte samt Widmung: »Mit herzlichen Grüßen von Jeong-ah, Kim Keum Hees langjähriger Freundin.«

Auf dem Heimweg kam mir eine Szene aus unseren Kindertagen in den Sinn. Damals streiften wir durch die Gegend um den Bahnhof B, unserem fast schon geheimen Treffpunkt, und begegneten zufällig Jeong-ahs Mutter auf der Rolltreppe eines Einkaufszentrums. Lachend hatte sie gesagt: »Ihr seid ja immer nur zu zweit unterwegs, was soll bloß aus euch werden?« Daraufhin mussten wir auch lachen. Für uns war es damals das Schönste, immer zu zweit etwas zu unternehmen. Die Zeit verging und wir sind zu solchen Menschen geworden, die wir heute sind. Zu Erwachsenen, die man nur mit diesem einen Wort *»solche«* beschreiben kann.

Irgendwann hatten wir uns geschworen, später einmal im selben Viertel zu wohnen. Seit unseren Zwanzigern hat das jedoch nicht funktioniert, wir haben nie in derselben Stadt gelebt. Später hatten wir uns versprochen, im Alter so nah beieinander zu leben, dass die Pfannkuchen, die wir an Regentagen backen, nicht kalt werden, bis die andere sie vorbeibringt. Anfangs klang dieses Versprechen nur romantisch und witzig, doch mittlerweile ist es zu einer Art Lebensplan geworden, der mir Trost und Kraft gibt.

Und wenn dann noch die Geranien, die das ganze Jahr über blühen, die Glücksfeder und die Begonie, die bei meiner Freundin gut angewachsen sind und prächtig gedeihen, dabei sind, wäre es umso schöner. Während wir all diese Dinge, die unserer Fürsorge bedürfen, weiterhin behutsam pflegen, würden wir zu wunderbaren alten Damen werden, die lieber vormittags ein Glas Wein genießen als einen Schnaps am Nachmittag.

Der Baum meiner frühen Kindheit

In dem Bilderbuch *Der Junge und der Elefant* der australischen Illustratorin Freya Blackwood tauchen Wesen auf, die zwischen Baum und Tier stehen. Der obere Teil ist beispielsweise ein Elefant, während seine Beine aus Baumstämmen bestehen, oder üppige Äste formen den Höcker eines Kamels. Für Kinder, die allen Dingen um sie herum mit Fantasie begegnen, spielt es keine Rolle, wie die Identität eines Lebewesens gesellschaftlich festgelegt ist.

Kinder ordnen Dinge allein danach, welche Gefühle diese in ihnen hervorrufen. Ein Baum kann für sie jederzeit zu einem Elefanten oder einem Kamel werden, und ein Tier kann – wie ein Baum – zu einem stillen, erdverwurzelten Wesen werden, das seine Energie aus dem Boden zieht und sich nach den Gesetzen der Natur verwandelt. Gerade diese Fähigkeit zur Wandlung ist es, die im Buch das Schicksal jener »Tierbäume« verändert, die kurz davorstehen, einer Baustelle zum Opfer zu fallen.

So wie das Kind in diesem Buch, das Trost bei den Bäumen sucht, weil es diesen weder von der Familie noch von Freunden erhält, so gab es auch für mich einen solchen Baum, nämlich die Magnolie im Hinterhof meines Elternhauses. Bis zu meinem zehnten Lebensjahr wohnten wir in einem kleinen Einfamilienhaus in einer Seitengasse. Ich denke oft sehnsüchtig an diese Zeit zurück. Im Winter war es dort so kalt, dass wir im Schlafzimmer einen Petroleumofen aufstellen mussten. Trotzdem gab es für ein Kind dort viele kleine Wunder zu entdecken. Da war der Vorgarten mit den Blumenbeeten, der geheimnisvolle Keller und hinter der Küche ein kleiner Hinterhof, in dem die Magnolie wuchs.

In gewisser Weise war sie dort eingesperrt, der Hof war so schmal, dass kaum zwei Erwachsene dort nebeneinanderstehen konnten. Er war von Mauern und Hauswänden umgeben. Und doch gedieh die Magnolie dort. Allein die Tatsache, dass sie da war, gab mir ein Gefühl der Ruhe und Sicherheit. Es war, als würde mich jemand still verstehen, das vermittelte mir ein warmes, tröstliches Gefühl. Beim Lesen des Bilderbuches erinnerte ich mich plötzlich an diese Magnolie. Wenn abends die Sonne schräg in den Hof schien, fing sie das Licht mit ihren Zweigen ein und schien mir zuzuwinken, als wollte sie sagen: »Schau, wie findest du das?«

Ich wuchs in einem Zuhause auf, in dem sich die Eltern oft stritten. Wenn es besonders heftig war, wurde ich ängstlich und ging mit gesenktem Kopf zur Schule. So fand ich Geborgenheit, Trost und Sicherheit meist nur in meiner Fantasie. Bücher öffneten mir die Tür zu dieser imaginären Welt. Nach meinem Auszug aus dem elterlichen Haus lebte ich mehr als zehn Jahre in einem Apartment. Dort waren es die Bäume zwischen den Wohnblocks, die mich beschütz-

ten. Anfangs wirkten sie mit ihren schlanken Stämmen noch schmächtig, doch als ich zwanzig wurde, waren sie zu dicht belaubten, kräftigen Bäumen herangewachsen.

So lebte ich in einem kleinen Apartment, von dessen Fenster aus ich diese Bäume sehen konnte. Damals las ich alles, was mir in die Hände fiel, und suchte in den aufgeschlagenen Buchseiten nach anderen Möglichkeiten des Lebens. Fragt man mich heute, wie ich mir meine Leserinnen und Leser vorstelle, dann denke ich unwillkürlich an mein früheres Ich zurück. Ein Kind, das die Gegenwart nicht verlassen kann, trotzdem aber weiß, dass es vielleicht eine andere Zukunft leben könnte – und allein dieser Gedanke lässt es den Moment durchstehen. Man kann etwas aushalten, indem man sich einen Elefantenbaum vorstellt oder Außerirdische oder eine Freundschaft, Liebe, Vertrauen. Wenn ich heute zurückblicke, dann haben mir all diese Bücher letztlich eines beigebracht: die Vorstellungskraft, das Leben anders denken zu können, und die Kraft, die Gegenwart so gut es geht zu durchleben.

Vor einiger Zeit unterhielt ich mich zu Hause mit einer Freundin, dabei kam unser Gespräch auch auf unsere Kindheit. Ganz von selbst tauchten dabei die vielen kleinen Albträume auf, die mich damals gequält hatten. Ich merkte, wie mich dieses Thema berührte, und ich begann, lang und ausführlich darüber zu sprechen.

»Über diese traurigen Zeiten damals will ich wirklich nicht mehr reden«, sagte meine Freundin und winkte ab. Sie erinnerte sich daran, wie sie als Kind manchmal kein Geld hatte, um Material für den Unterricht zu kaufen. Ich schwieg für einen Moment. Seit einiger Zeit hatte ich mir vorgenommen, weniger über mich selbst nachzudenken, aber das gelang mir kaum. Zu diesem Entschluss war ich gekommen, nachdem ich etwas von dem deutschen Theologen und Psychologen Eugen Drewermann gelesen hatte: Ein Mensch, der sich an seinem kleinen Ich festklammert, legt einzig Wert auf einen »von Angst erfüllten Selbstschutz«.

Ich wollte nicht in der Enge meines Ichs gefangen bleiben, sondern wie die Bäume vor meinem früheren Apartment in die Weite und Höhe wachsen.

Wir saßen schweigend nebeneinander, schenkten uns Makgeolli-Reiswein nach, stießen an, und wechselten, ohne uns gegenseitig zu trösten, das Thema. So wie das Kind im Bilderbuch, das am Ende nicht nur Trost in der Fantasie, sondern auch einen echten Freund findet, mit dem es lachen kann. Um uns herum, auf dem Balkon und im Wohnzimmer, wuchsen die Pflanzen, mit denen wir schon viele Jahre zusammenlebten – Zeugen zweier Menschen, die damals zu klein waren für ihr eigenes Leid und die nun gelernt hatten, ihr Schicksal selbst zu meistern.

Verlassene Pflanzen

Als passionierte Pflanzenhüterin ertappe mich immer wieder dabei, an die Pflanzen zu denken, die während meiner Kindheit in meinem Elternhaus wuchsen. Gleichzeitig frage ich mich, warum der Wunsch, mich auf das Glück der Gegenwart zu konzentrieren, immer von Eindrücken aus der Vergangenheit überlagert wird. Vor mehr als zehn Jahren ließ ich eine Sansevieria, die mich durch meine Kindheit begleitet hatte, eingehen. Tatsächlich denke ich noch heute oft an diese Pflanze.

Als beliebte Pflanze zur Luftreinigung findet man sie in vielen Büros oder Haushalten. Auch auf einem meiner Kinderfotos ist sie zu sehen. Damals hatte die Sansevieria nach langer Zeit wieder geblüht, deswegen hatte mich mein Vater frühmorgens aufgeweckt und auf den Balkon geführt. Es gab etwas Schönes in unserem Haus zu sehen und mein Vater wollte diesen Moment mit seiner jüngsten Tochter teilen.

Auf dem Foto richtet sich die Blüte der Sansevieria zur Kamera, während ich, mit zerzaustem Haar im Schlafanzug, dahinter sitze und lächle. Ich sehe mir meine Kinderfotos nicht besonders gern an, weil ich meist ein ernstes

Gesicht mache. Damals waren Fotos keine spontanen Momentaufnahmen, sondern inszenierte Erinnerungsstücke. Damals gab es noch Kameras mit Filmen, deren Entwicklung teuer und mühsam war. Bei jeder Aufnahme gab es Anweisungen und Kontrollen, besonders von den Erwachsenen. Wenn ich also auf Fotos ernst, mürrisch oder gelangweilt dreinschaue, liegt es vermutlich daran.

Doch auf dem Foto mit der Sansevieria lächle ich fröhlich. Wahrscheinlich weil ich mich nicht an die Anweisungen meines Vaters gehalten hatte und einfach so, wie ich war, vor die Kamera getreten war. Die Sansevieria und ich, wir gaben uns beide ganz natürlich. Ich war gekleidet, wie es meiner Stimmung entsprach, als die Sansevieria blühte, und trat hinaus auf den Balkon. Viele Jahre später wurde die Sansevieria, die so lange ein Teil unserer Familie gewesen war, ganz mir überlassen. Nachdem mein Vater seine Firma aufgegeben hatte, mussten meine Eltern ein kleines Geschäft eröffnen. Dort war kein Platz für den großen Topf mit der Sansevieria. Meinen Eltern blieb nur ein kleines Zimmer hinter dem Laden zum Wohnen. Ich war wegen der Pflanze alles andere als begeistert. Gerade erst war ich ausgezogen und hatte endlich mein eigenes Apartment, und nun sollte ich eine Pflanze samt Blumentopf übernehmen, den ich allein kaum heben, geschweige denn tragen konnte. Die Sansevieria wuchs in einem schweren Porzellangefäß mit Orchideenmotiv, ganz nach dem Geschmack meiner Eltern. Ihre langen, schwertartigen Blätter wirkten dick, zäh und sehr widerstandsfähig.

Ich weigerte mich mit allen möglichen Ausreden – sie sei zu groß, zu schwer, zu schwierig zu pflegen –, doch schließlich nahm ich sie doch an mich und stellte sie an eine unauffällige Stelle, wo ich mich kaum um sie kümmerte.

Ohne liebevolle Fürsorge beginnt eine Pflanze zu welken. Die Blätter der Sansevieria, die jahrzehntelang stolz und aufrecht gestanden hatten, neigten sich langsam zur Seite. Ich band sie immer wieder zusammen, doch dadurch kam weniger Luft an die Pflanze, was die Blätter noch anfälliger machte. Währenddessen gab es auch in meinem eigenen Leben zahlreiche Brüche und Wendungen. Jeder einzelne Misserfolg war so schmerzhaft, dass schon das bloße Aufzählen ausreicht, um alte Wunden wieder aufzureißen. Ich hatte den Wunsch, Schriftstellerin zu werden, träumte davon, ein Buch zu veröffentlichen, schickte Texte an Zeitschriften und erntete doch nur Absagen. Eines Tages bemerkte ich, dass die Sansevieria es nicht länger ausgehalten hatte – sie war eingegangen.

An diesem Tag überkam mich ein Gefühl der Ernüchterung, als wäre nicht nur die Sansevieria verwelkt, sondern auch etwas in mir selbst. Vielleicht war ich im Grunde gar nicht so anders als sie.

Auch wenn es eigentlich zu spät war, pflanzte ich die wenigen jungen Triebe, die sich neu gebildet hatten, in kleine Töpfe um. Ich zupfte die vertrockneten Blätter ab, schaufelte die Erde aus dem großen Porzellantopf und brachte ihn meiner Mutter zurück.

»Warum gibst du mir den auf einmal zurück? Wo soll

ich den hinstellen?«, fragte sie, lehnte ihn aber nicht ab. Ich wusste, dass auch sie der Verlust der Sansevieria schmerzte, doch sie ließ sich nichts anmerken.

Einige Zeit später sah ich den Topf im Hof ihres Ladens wieder, sie hatte darin Gurken- und Chilisetzlinge eingepflanzt. Vielleicht erinnerte sie sich dadurch an ihre eigene Kindheit auf dem Land.

Heute steht auf meinem Balkon kein einziger junger Trieb der Sansevieria, die ich zu retten versucht hatte. Es gab kein Wunder, kein glückliches Ende. Von der Pflanze, die so lange Teil unserer Familiengeschichte gewesen war, blieb nichts mehr übrig. Doch die Erinnerung an sie lebt weiter. Vielleicht ist das selbstverständlich, denn die Spuren von Traurigkeit und Schmerz, die sich über die Zeit unseres gemeinsamen Lebens gelegt hatten, lassen sich nicht einfach auslöschen. Trotzdem dachte ich oft an die Sansevieria. Nach all diesen längeren Grübeleien spürte ich eines Tages ein neues, anderes Gefühl in mir aufsteigen. Ein Gefühl, das sich schlicht mit dem Wort Wehmut beschreiben ließ – eine leise Traurigkeit über den Verlust einer Pflanze, die uns jahrzehntelang begleitet und sogar einmal in voller Pracht geblüht hatte.

Dann wurde mir bewusst, dass die Sansevieria kein Symbol für die Wunden meiner Kindheit und keine Wiedergutmachung für die Vernachlässigung durch meine Eltern war. Sie war einfach nur eine Pflanze. Erst nachdem diese Gedanken in mir zur Ruhe kamen, konnte ich – wie eine unerfahrene Pflanzenhüterin, die gerade Freude an ihrer neuen Leidenschaft findet – diese Pflanze so sehen, wie sie wirklich war. Ein Wesen ohne Bewusstsein seiner selbst, ohne das Streben nach Selbsterhaltung, und doch eines, das niemals sein Leben aufgegeben hatte.

TEIL 3

EIN NACHSICHTIGER WINTER

Merry, Merry Christmas Tree

In diesem Jahr werde ich, wie auch im letzten, die Araukarie schmücken. Unter all meinen Pflanzen ist sie diejenige, die einem echten Weihnachtsbaum am ähnlichsten sieht. Ihre dichten, stiftförmigen Blätter verraten eindeutig ihre Zugehörigkeit zu den Nadelbäumen, und ihre sanft herabhängenden Zweige verleihen ihr eine elegante Gestalt. Man sagt, sie gehöre zu den drei schönsten Zierbäumen der Welt. Die Araukarie gedeiht auch in Innenräumen recht gut, sie ist unempfindlich gegen Staunässe, doch ganz ohne Aufmerksamkeit lässt sie sich trotzdem nicht pflegen. Im Frühsommer bekamen einige ihrer Blätter einen Sonnenbrand, und erst nachdem ich den geschädigten Zweig abgeschnitten hatte, erholte sie sich wieder. Wie sich herausstellte, verträgt sie keine direkte Sonne. Natürlich wünsche ich mir, dass die Araukarie kräftig wächst, vor allem, weil Weihnachten bevorsteht. Ich wollte nicht jedes Jahr einen neuen Weihnachtsbaum kaufen, sondern mit einer Pflanze, die mit mir das ganze Jahr lang gelebt hat, den Jahresabschluss feiern. Gerade nach den harten Jahren der Pandemie, in denen das Leben oft nur ein Aushalten war, erschien mir das besonders wichtig. Zum Glück hat sich die Araukarie wieder erholt und zeigt nun auf meinem Balkon ihre tiefgrünen Nadeln.

Als ich klein war, schmückten wir zu Weihnachten einen Palmbaum, der in einem Topf stand. Im Nachhinein frage ich mich, warum wir überhaupt eine Palme besaßen. Sie war fast so groß wie ich als Grundschulkind, mit weit ausladenden, kräftigen Blättern. Zu Weihnachten schmückten wir sie mit glänzendem Christbaumschmuck, Engelshaar, einer Lichterkette und nahmen sie als Kulisse für Familienfotos. Weihnachten mit einer Palme – eigentlich eine seltsame Kombination, und doch strahlten meine Schwester und ich auf den Fotos, als würden wir uns von Herzen darüber freuen. Auf einem Bild steht sogar ein Kuchen auf dem Tisch, wie als Beweis für ein besonders schönes Weihnachtsfest. Heutzutage essen wir zu besonderen Anlässen ganz selbstverständlich Kuchen, aber damals war es etwas wirklich Außergewöhnliches, das nur zu besonderen Feierlichkeiten auf den Tisch kam.

Manchmal frage ich mich jedoch, ob Weihnachtsbäume damals wirklich so teuer waren. Hätten meine Eltern nicht wenigstens einen künstlichen Baum kaufen können, um uns Kindern eine Freude zu machen? Dann hätten die Fotos das wiedergegeben, was man sich normalerweise unter einem Weihnachtsfest vorstellt, ganz ohne Ironie, ohne Widersprüche, ganz harmonisch.

Aber meine Eltern waren sparsam und wollten unnötige Ausgaben strikt vermeiden. Sie schienen überzeugt, der Palmbaum, der im Winter vom Balkon ins Wohnzimmer

MERRY
CHRISTMAS

geholt wurde, sei vollkommen ausreichend als Weihnachtsdekoration.

Rückblickend war dieses Weihnachtsfest mit Palme ein Spiegelbild meiner Kindheit. Ein Symbol dafür, wie meine jungen, fleißigen und sparsamen Eltern ihren Kindern mit begrenzten Mitteln trotzdem ein schönes Weihnachtsfest bereiten wollten. Meine Eltern kauften uns zu Weihnachten keine besonderen Geschenke. Aber bis ich in die Mittelstufe kam, legten sie jedes Jahr einen Geldschein und einen handgeschriebenen Zettel mit der Aufschrift »Vom Weihnachtsmann« unter mein Kopfkissen. Im Nachhinein wirkt es natürlich absurd, dass der Weihnachtsmann Kindern Bargeld schenkt, aber auch das war die Art meiner Eltern, ihre Zuneigung zu zeigen. Noch heute bekomme ich von ihnen zu besonderen Anlässen kein Geschenk, sondern Geld. Vielleicht, weil in ihrem Herzen der Wunsch lebt, dass ein Geschenk nicht bloß Ausdruck von Freundlichkeit, sondern immer auch eine Form der praktischen Hilfe sein sollte. Vielleicht ist es die Haltung einer Generation, die Zeiten durchlebt hat, in denen man sich allzu optimistische Gedanken an eine unbeschwerte Zukunft nicht leisten konnte.

Doch vor Kurzem erfuhr ich, dass auch die Araukarie, die ich voller Stolz als meinen persönlichen Weihnachtsbaum angeschafft hatte, eine Pflanze aus der südlichen Hemisphäre ist. Ihre Widerstandsfähigkeit gegen Feuchtigkeit rührt daher, dass sie aus den tropischen Regenwäldern stammt. In diesem Moment erinnerte ich mich an eine andere tropische Pflanze, die mit dem Winter der Nordhalbkugel eigentlich gar nicht harmoniert, trotzdem aber in unser Familienhaus einzog und anstandslos unseren Weihnachtsschmuck trug: die Palme meiner Kindheit. Ganz gleich, woher sie ursprünglich stammte oder wie wenig sie einem romantischen oder idealisierten Weihnachtsbaum ähnelte – sie war es, die unsere Familie, die ein Jahr heil hinter sich gebracht hatte, ermutigte und feiern ließ.

Ich denke, im letzten Monat des Jahres sollte man sich selbst ermutigen. Man muss dafür nichts Besonderes unternehmen, denn um uns herum gibt es immer schon einen Ort, der sich dafür eignet. Schon ein kurzer Besuch im Blumenladen der Nachbarschaft genügt, um eine Pflanze zu finden, die nur darauf wartet, uns zu begleiten. So wünsche ich mir einen Winter, in dem überall, in irgendeiner Ecke, die Jahresendbegleiter still und warm ihren Platz einnehmen, als kleine, lebendige Zeichen des Trostes.

Der Winter der Alokasie

Draußen vor dem Fenster herrscht trotz des erst frühen Winters eine ungewöhnlich beißende Kälte, aber auf meinem Balkon sind es um die fünfzehn Grad. Mit Beginn des Herbstes hatte ich mir ein Temperatur- und Feuchtigkeitsmessgerät gekauft. Etwas, das ich sonst nicht einmal für mich selbst benutze. Ich stellte es auf den Balkon und kontrolliere es seitdem regelmäßig. Ich hatte mir vorgenommen, die Pflanzen im November in die Wohnung zu holen, doch als der November tatsächlich kam, blühte es auf dem Balkon umso üppiger, auch die übrigen Grünpflanzen wuchsen munter weiter. Der November war zwar etwas trocken, doch im Vergleich zu anderen Jahreszeiten wirkten die Pflanzen sogar entspannter. Und selbst jetzt, da die Temperaturen niedriger sind, blühen Weihnachtskaktus und Geranien auf dem Balkon in voller Pracht. Auch die *Begonia corallina* lässt ihre Blütenstiele ordentlich herabhängen, wie sorgfältig gestricktes Garn. Dieser schöne Anblick der Pflanzen im Winter, ihr stetiges Wachstum trotz des schwindenden Lichts, gibt mir in diesen Tagen große Kraft.

Bevor die kalte Jahreszeit Einzug hielt, hatte ich die Überwinterungstemperaturen der Pflanzen recherchiert und in eine Tabelle eingetragen. Doch als der Winter tatsächlich kam, stellte ich fest, dass Pflanzen keinen mechanischen Überwinterungsrhythmus haben, der sich nach einem bestimmten Datum richtet. Es genügt, ihre feine Sensibilität zu beobachten, mit der sie sich ihrem Umfeld anpassen und ihr Wachstum regulieren, und dann auf den richtigen Zeitpunkt zu warten. Unter den Pflanzen auf meinem Balkon mag es die Alokasie am wärmsten, trotzdem wirkt sie noch immer munter, ohne Anzeichen von Kälteschäden. In kalten Nächten mache ich mir Sorgen, die Temperatur könne zu weit sinken, doch wenn ich nach ihr sehe, wächst ein neues Blatt ein Stück weiter, als wolle sie mir sagen: »Alles in Ordnung.«

Die Alokasie, die ich erst in diesem Jahr zu pflegen begonnen habe, ist eine Pflanze, die mir besonders viel bedeutet. Ich habe miterlebt, wie sie als zunächst nur eine Art kleiner Stamm Blätter von über siebzig Zentimetern Länge hervorbrachte. Ich muss gestehen, ich bestelle im Internet oft aus Versehen falsche Artikel, einfach weil ich die Details nicht sorgfältig lese. So war es auch beim Kauf der Alokasie. Ich ließ mich von dem großen, breiten Blatt auf dem Produktfoto verführen und klickte auf »Kaufen«, ohne mich zu vergewissern, was die Optionen »mit Blatt« und »Blatt beschnitten« bedeuteten. Ich wählte »Blatt beschnitten«, weil ich irrtümlich dachte, dass nur einige wenige ungleichmäßig gewachsene Blätter zurechtgestutzt würden. Doch dann erhielt ich eine in Zeitungspapier eingewickelte Alokasie, die nur noch aus einem Stamm bestand. Ich war ziemlich verblüfft. Es bedeutete nämlich, dass für den Versand alle Blätter fast vollständig abgeschnitten werden, um sie vor Schäden zu schützen, und nur ein Teil des Blattstiels stehen bleibt.

Ich werde nie vergessen, wie ich die Alokasie in die Erde setzte und mich fragte, ob sie überhaupt jemals ein neues Blatt treiben würde. Doch als die Tage wärmer wurden, begann sie langsam Blätter hervorzubringen. Dabei öffnete sich am Stamm eine messerscharf wirkende Linie, durch die der neue Blattstiel fast wie durch Magie »herausgezogen« wurde. Währenddessen sonderte die Pflanze mehrfach klare Tropfen ab, deswegen sorgte ich mich jedes Mal, ob sie vielleicht zu faulen begann. Doch zum Glück war es nur ein Anzeichen dafür, dass sie bester Gesundheit war.

In einigen Tagen werde ich die Alokasie als erste meiner Pflanzen in die Wohnung holen müssen. Aber Wärme bedeutet nicht automatisch eine gute Umgebung für die Pflanze. Im Winter ist die Raumluft durch die Heizung trocken, es fehlt an Licht, und vor allem führen solche plötzlichen Veränderungen leicht dazu, dass Pflanzen eine Art Stressreaktion erleiden.

Deshalb muss man behutsam vorgehen und ihnen Zeit geben, sich umzustellen. Wenn sich die Winterkälte nicht länger umgehen lässt, wenn wir wirklich mitten in den Winter kommen.

Um nicht zum Hoarder zu werden

Es gibt Menschen, die nichts wegwerfen können. Menschen, die Dinge in ihrer Wohnung horten und ihrer nicht mehr Herr werden. Auch Menschen, die Gegenstände nicht entsorgen, obwohl sie wissen, dass deren Zweck erfüllt ist – weil diese Dinge für sie mehr bedeuten als bloße Objekte. In letzter Zeit denke ich oft über dieses Wort nach: »Hoarder«. Es hat einen pathologischen, zwanghaften Beiklang, aber ehrlich gesagt gehören die meisten Menschen in unserer heutigen Welt in irgendeiner Form zu diesem Spektrum.

Meine Pflanzenbegeisterung, die zunächst mit nur wenigen Exemplaren begann, hat inzwischen ein Ausmaß erreicht, das fast die ganze Fläche des Balkons in Anspruch nimmt. Ich besitze acht Töpfe mit Geranien, unter Pflanzenliebhabern scherzhaft als »Geranienhölle« bekannt, weil es aus ihrer Faszination kein Entrinnen gibt. Dazu drei verschiedene Monstera-Arten und insgesamt sechs Töpfe, wenn man die selbst vermehrten Ableger mitzählt. Trotzdem freute ich mich schon darauf, im Frühjahr wieder ins Gartencenter zu fahren, um neue Pflanzen in die Familie aufzunehmen. Doch plötzlich geschah etwas, das all diese Pläne umwarf: Wir mussten umziehen.

Über die Tage, an denen wir verzweifelt eine neue Wohnung suchten, möchte ich nicht im Detail sprechen. Ich fand in dieser Zeit kaum Schlaf, weil jede Wohnung, die wir besichtigen wollten, entweder wenige Stunden oder gar Minuten vorher bereits vergeben worden war. Meine Unruhe wuchs mit jedem Tag.

Zuerst bestand ich darauf, dass die neue Wohnung, wie die jetzige, einen Balkon haben müsse. Man könnte einwenden, das sei übertrieben; im Wohnzimmer mit gleichbleibender Temperatur, Ventilatoren und speziellen Lampen hätte ich meine Pflanzen auch beherbergen können. Aber das stimmt nicht, kein Wohnzimmer kann je einen Balkon ersetzen, so wie kein Balkon je eine freie, natürliche Umgebung ersetzen kann. Es gibt Pflanzen, die nur auf dem Balkon gedeihen können, zum Beispiel die australischen Akazienarten.

Der Inhaber des Blumenladens in Jongno, bei dem ich gelegentlich einkaufe, erklärte mir, dass ein Balkon die Mindestanforderung für Pflanzen wie die Akazie sei. Die Temperaturwechsel seien für ihre Widerstandskraft unerlässlich. Ohne die Herausforderungen des Winters könnten sich ihre Wurzeln nicht richtig entwickeln, was wiederum ihre Lebenskraft schwäche. Ich, die ich meine Pflanzen im Winter immer ins Warme holen wollte, erkannte damals, dass Gärtnern nicht darin besteht, Pflanzen vor Kälte zu schützen, sondern ihnen zu ermöglichen, sie in einem angemessenen Maß zu erfahren. Ich brauchte nicht unbedingt einen Garten, aber zumindest einen Balkon wie bisher.

Doch die Hoffnung, eine neue Wohnung nach unseren Vorstellungen *auswählen* zu können, zerplatzte rasch, je länger wir suchten. Inmitten der derzeitigen Wohnungskrise wäre das ein Luxus gewesen, es blieb keine Zeit für individuelle Ansprüche. Sobald Lage und Preis einigermaßen passten, musste man sofort zuschlagen.

Schließlich unterschrieben wir den Vertrag für eine Wohnung, deren Balkon, wie es mittlerweile üblich ist, zugunsten eines größeren Wohnbereiches überdacht worden war. Ich erinnere mich, wie ich beim Schreiben eines Manuskriptes alles stehen und liegen ließ, in ein Taxi sprang und quer durch die Stadt fuhr, um uns die Wohnung zu sichern. Als mein Mann, der mich an einem Treffpunkt unterwegs abholte, mich aus dem Taxi springen und auf ihn zulaufen sah, fragte er überrascht: »Warum so eilig?«

Ich nahm mir vor, den Verlust von zwei Dritteln meiner Pflanzenfläche zu akzeptieren, und dass ich außerdem wahrscheinlich nicht alle Töpfe würde mitnehmen können. Zufällig zog eine Freundin mit ihrer Familie auch gerade um, sie sicherte mir zu, einige meiner Pflanzen zu übernehmen. Glücklicherweise hatte ihre neue Wohnung einen recht großen Balkon.

Die Freundin erklärte, ihnen sei jede Art von Pflanzen recht, nur zu groß dürften sie nicht sein, nicht größer als ein Mensch. Für mich bedeutete es, dass sie nicht höher als Sitzhöhe reichen sollten. Da wir die meiste Zeit in der Wohnung sitzend verbringen, würde eine zu große Pflanze uns vermutlich einen Eindruck von Überwältigung vermitteln.

Zum Glück gab es unter meinen Monstera-Pflanzen ein Exemplar, das ich als Ableger herangezogen hatte – klein, zart und noch nicht so kräftig wie ihre Artgenossen. Es sollte mit der Familie umziehen.

Dann fiel mein Blick auf den Wunderstrauch. Meinem Mann gefiel diese Pflanze besonders und deshalb vielleicht auch der Familie, die umzog. Der Wunderstrauch ist ein Gewächs mit bunten Blättern, als hätte jemand ein weißes Blatt mehrmals in Farbe getaucht. Wenn er wenig Licht bekommt, entwickelt er grüne Blätter, doch mit vermehrter Sonneneinstrahlung zeigt er wieder seine ursprüngliche Farbenpracht. Trotzdem konnte ich mich nicht sofort entscheiden. Die Erinnerungen an diese Pflanze stiegen wellenartig in mir auf …

Ich erinnerte mich daran, wie ich sie in Yangjae bereits eingetopft gekauft und monatelang nach einem passenden weißen Übertopf gesucht hatte, da ich sie umsetzen wollte. Dann dachte ich daran, wie dieser weiße Topf zunächst falsch geliefert wurde und der Verkäufer, nachdem ich eine Nachricht hinterlassen hatte, sich entschuldigte und mir zusätzlich eine schöne Vase schickte. Im Sommer wurde der Wunderstrauch von Spinnmilben befallen. Ich machte mir Vorwürfe, während ich die Blätter der Pflanze abwusch und pflegte …

Doch wenn man es genau bedenkt, sind Erinnerungen vielleicht nichts anderes als Rückstände des gelebten Alltags. Schließlich rang ich mich zu einem Entschluss durch. Zwar besteht meine Arbeit darin, den Klang, die Gefühle und die Bedeutungen von Erinnerungen hervorzurufen und damit auch die Schwierigkeiten der Gegenwart zu bewältigen. Doch selbst dann – sind all diese Erinnerungen wirklich bedeutsam? Ist das nicht in gewisser Hinsicht auch ein Muster des Hortens? Schließlich wurde mir bewusst, dass man zwischen Erinnerung und Nostalgie unterscheiden muss. Denn nostalgisches Erinnern ist ein viel bewussterer, über das bloße Hervorrufen hinausgehender, willentlicher Akt. Dank dieser Erkenntnis konnte ich endlich den Entschluss fassen, meine Pflanze wegzugeben.

Wenn ich Freunden von unserem bevorstehenden Umzug erzählte, fragten sie fast immer: »Und was ist mit den Pflanzen?« Jedes Mal fühlte ich mich verstanden und war dankbar für diese Anteilnahme. Als ich erklärte, einige der Pflanzen wohl in andere Haushalte abgeben zu müssen, machte sich eine Freundin, die ich seit der Mittelstufe kenne, Sorgen um mich. »Das ist bestimmt schwer für dich, oder? Du hast sie doch ins Herz geschlossen.«

Damals antwortete ich nur mit einem weinenden Emoji im Messenger, doch mir war tatsächlich zum Weinen zumute.

Der Mitarbeiter der Umzugsfirma, der den Kostenvoranschlag erstellte, besah sich die Pflanzen und meinte, wir bräuchten einen zusätzlichen Lkw. Keinen weiteren geschlossenen 2,5-Tonner, sondern einen offenen 1,5-Tonner.

»Könnten die Pflanzen während der Fahrt nicht erfrieren?«, fragte ich besorgt. Insgeheim hoffte ich auf eine beruhigende Antwort, eine Art Garantie. Doch der Mitarbeiter war vorsichtig und vermied klare Aussagen, auch um spätere Haftungsfragen zu umgehen.

»Wir werden sie so gut wie möglich in Folie einpacken, aber je nach Wetterlage kann das schon vorkommen. In manchen Fällen verlieren Pflanzen erst eine Woche nach dem Umzug ihre Blätter.«

Vor meinem inneren Auge sah ich bereits die Blätter der Pflanzen im neuen Zuhause sich gelb färben, schlaff werden, um schließlich vertrocknet abzufallen. Nachdem der Mitarbeiter der Umzugsfirma gegangen war, wunderten mein Mann und ich uns über den ziemlich hohen Kostenvoranschlag. Zuerst schoben wir es auf die Inflation oder das womöglich überteuerte Umzugsunternehmen, doch bald mussten wir einsehen, dass sich in weniger als zwei Jahren unsere Wohnung mit sehr vielen Dingen angefüllt hatte.

In den letzten Nächten vor dem Umzug stand ich oft auf dem Balkon und machte mir Gedanken darüber, welche Pflanzen ich weggeben sollte. An welche von ihnen hatte ich besondere Erinnerungen? Waren es Erinnerungen, die ich mir ins Gedächtnis rufen und immer wieder behutsam berühren möchte? Hat dieses Erinnern einen tieferen Sinn, und macht dieser Sinn das Leben besser? Letzten Endes wurde mir wieder bewusst, dass ich einfach zu viel denke. Ich horte Gedanken. In dieser Hinsicht bin ich wohl ein *Hoarder.* Und dann trat ich zurück in die Wohnung, nicht ohne vorher noch einmal den Balkon zu fegen. Wohl wissend, dass mich diese Fragen wohl noch eine ganze Weile begleiten würden.

Auch wenn der Winter kommt

In der kalten Jahreszeit fällt das Licht länger in unsere Wohnung. Gestern Nachmittag beobachtete ich auf meinem Stuhl sitzend, wie sanftes Sonnenlicht bis in die späten Stunden den Raum füllte. Öffnet man die Balkontür, empfängt einen der Frühwinter ohne jegliche Wärme, ohne jene pfeilartigen Sonnenstrahlen des Sommers, und die Pflanzen breiten ihre Blätter üppiger aus als je zuvor. Auf den ersten Blick sieht alles aus wie im letzten Jahr, und doch hat sich jede Pflanze auf ihre Art verändert.

Besonders offensichtlich ist das beim panaschierten *Syngonium* zu beobachten. Mit seinen zarten, gelblichen, bläulichen und weißen Farben wirkt es wie ein individuell gemaltes Ölgemälde. Lange Zeit hing es an einem Wäscheständer. Als dieser kaputtging, musste die Pflanze auf dem Boden weiterleben, doch erstaunlicherweise wuchs sie dort viel besser. Sie bekam mehr Blätter, vor allem von ihren typischen, zufällig gemusterten. Deshalb habe ich sie auch nach der Reparatur des Wäscheständers einfach auf dem Boden stehen lassen. Obwohl der Balkon eng ist und ich manchmal fürchte, beim Vorbeigehen auf ein Blatt zu treten, gelingt es dem *Syngonium* und mir bisher gut, einander auszuweichen.

Ich hatte es aufgehängt, damit es mehr Sonne bekommt und die Luft besser zirkulieren kann, doch genau das hatte offensichtlich sein Wachstum gebremst.

Beim Pflegen meiner Pflanzen wird mir immer wieder bewusst, wie viele Dinge in dieser Welt ich nicht verstehe. Ich weiß nicht, warum die Schönheit der Pflanzen beständig ist und sie immer weiter gedeihen. Dieses Phänomen lässt mich manchmal klein erscheinen, doch gleichzeitig wird mir dadurch die Kraft geschenkt, schwierige Zeiten durchzustehen.

Am Morgen schaute ich nach den Stecklingen der Begonie, die ich im Wasser wurzeln ließ. Drei kleine Pflanzen waren es, alle haben kräftige, dunkelgrüne Blätter getrieben. Die Wurzeln waren schon gut entwickelt, es war wohl Zeit, sie in die Erde zu setzen. Ich hatte bisher nie professionelle Hilfe beim Eintopfen gebraucht, doch diesmal wollte ich eine Floristin damit beauftragen. Ich hatte meiner Freundin Jeong-ah versprochen, ihr eine Begonie zu schenken, sobald der Steckling Wurzeln bildet. Noch bevor das Jahr endete, wollte ich dieses Versprechen einlösen.

Ich besah mir die einzelnen Pflanzen sorgfältig und wählte die kräftigste aus. Diejenige mit den schönsten Blättern, deren Stängel jedoch schief wuchsen, stellte ich wieder ins Wasser. Das ausgewählte Pflänzchen wickelte ich in feuchtes Küchenpapier und steckte es vorsichtig in einen Umschlag mit Luftpolsterfolie, um es warm zu halten. Der Blumenladen lag keine zehn Minuten entfernt, trotzdem wollte ich sicher sein, dass es unterwegs keinen Schaden nahm, vor allem, weil es nach dem Regen kälter geworden war.

Ich war von mir selbst überrascht, wie sorgsam ich auf der Straße das Pflänzchen behütete, fast so, als wäre es ein kleines Haustier. Bei jedem Windstoß spannte sich mein Körper an, aus Angst, die Blätter könnten abknicken. Warum war ich so in Sorge, obwohl ich doch zu Hause zwei weitere Pflänzchen hatte? Trotzdem konnte ich nicht anders, als vorsichtig zu sein.

Der Blumenladen war mittags gut besucht. Die Inhaberin band gerade einen Rosenstrauß. Als ich sie bat, meine Pflanze einzutopfen, öffnete sie den Luftpolsterumschlag und schaute hinein. Einen Moment lang befürchtete ich, sie würde sagen, es sei noch zu früh zum Einpflanzen oder irgendetwas anderes stimme nicht. Doch sie erklärte nur: »Die ist ja ganz schön groß«, und meinte, ein kleiner Topf sei dafür ungeeignet. Begonien wachsen schnell und bilden Ranken, also sollte man sie lieber gleich in einen größeren Topf setzen. Also entschied ich mich für einen großen Tontopf. Da die Inhaberin zuvor eingegangene Bestellungen bearbeiten musste, fragte sie mich, ob ich die Pflanze in einer Stunde wieder abholen wolle.

»In Ordnung. Könnten Sie mich anrufen, wenn Sie anfangen? Ich würde gerne zusehen.«

»Zusehen? Beim Eintopfen?«

Sie klang leicht überrascht, offenbar war das nicht üblich. Tatsächlich hatte ich, obwohl ich schon seit Jahren Pflanzen pflege, kaum je gesehen, wie jemand anderes sie behandelt.

Meist hatte ich nur darüber gelesen und mir das Eintopfen vorgestellt. Deswegen war ich wirklich neugierig. Die Inhaberin erklärte, sie würde in diesem Fall meinen Auftrag vorziehen. Ich wollte mich entschuldigen, beließ es aber bei einem »Danke«.

Das Umtopfen verlief nicht viel anders, als ich es selbst gemacht hätte. Ein Netz, um die Erde im Topf zu halten, kam auf das Abflussloch, darauf grober Bimsstein, dann Erde für die Pflanze und zum Abschluss eine Schicht feiner Bimsstein. Vermutlich hielt mich die Floristin für eine Anfängerin, denn sie erklärte mir jeden Schritt, während sie arbeitete. Beim Zuschauen bemerkte ich nur einen Unterschied: Sie verwendete deutlich mehr Bimsstein als ich.

»Wenn man viel davon nimmt, wird es richtig kuschelig«, erklärte sie.

Bims ist ein Stein, und mit Kuscheln hat seine Materialität wenig zu tun, trotzdem fühlte es sich, nachdem sie dies gesagt hatte, tatsächlich weich an. Vor meinem inneren Auge entstand das Bild einer warmen, kuscheligen Decke.

»Sie haben die Pflanze wirklich gut großgezogen«, sagte sie schließlich und legte zwei kleine Lavasteine als Dekoration auf den Topf.

Ein Lächeln spielte über mein in letzter Zeit eher müde und erschöpft wirkendes Gesicht. Nichts ist tröstlicher als die Anerkennung der eigenen Mühe. Und tatsächlich war auch mir die Umsicht und das Mitgefühl der Floristin längst aufgefallen. Vor dem Geschäft standen vor Kurzem weiße Chrysanthemen mit einem Schild, das zu einer kostenlosen

Mitnahme einlud; eine stille Geste der Floristin zum Gedenken an die Opfer des Unglücks zu Halloween in Seoul am 29. Oktober. In diesem Blumengeschäft hatte ich auch den Trauerstrauß für meinen verstorbenen Hund gekauft.

Die Floristin drückte mir den Topf in die Arme.

»Sie wohnen ja gleich um die Ecke, tragen Sie ihn einfach mit zwei Händen.«

Auf dem Rückweg spürte ich wieder dieselbe Anspannung wie auf dem Hinweg. Was, wenn ich stolpere, wenn mir der Topf hinfällt, wenn der Wind zu kalt ist? Ich hielt den Topf ganz fest an mich gedrückt, fragte mich dann aber plötzlich, worüber ich mich eigentlich sorgte. Die Wurzeln waren doch warm und weich mit »kuscheligem« Bimsstein bedeckt. Vermutlich spürte die Pflanze nun sogar die Sanftheit der Erde und streckte ihre wurzelnden »Zehen« vorsichtig in ihr neues Zuhause aus. Dieser Gedanke beruhigte mich. Und der Winter, der irgendwann vorübergehen würde und dem Frühling den Weg bereitete, fühlte sich auf einmal nicht mehr ganz so schwer an.

Menschen, die schreiben

Nach langer Zeit traf ich einige meiner befreundeten Schriftstellerkollegen wieder. Wir gingen zunächst eine Weile spazieren, um dann gemeinsam einen Tee zu trinken. »Mensch, das ist ja ewig her!«

»Wie schön, dich zu sehen!«

Auch bei unserem Treffen fielen solche für ein Wiedersehen nach langer Zeit typischen Sätze. Und natürlich erinnerten wir uns wie jedes Mal an den Abend im Jahr nach unserem literarischen Debüt, als fast alle frisch gekürten Autoren in einer Bar in Hyehwa zusammengekommen waren.

Für mich war dieser Abend wirklich so präsent, als wäre es gestern gewesen. Als ich das erwähnte, nickten meine Kollegen zustimmend. Eine von uns war damals nicht einmal dreißig Jahre alt gewesen. Ich erinnere mich daran, wie Y, ein befreundeter Schriftsteller, mit leuchtenden Augen von seinem Vorbild, einem berühmten Romancier, erzählte. Y, der seit Jahren schreibt, liest und unterrichtet, sprach voller Bewunderung über ihn. Er schien wirklich leidenschaftlich für die Literatur zu brennen. Später kam K dazu, auch ein Schriftsteller, den ich sehr schätze. Wie seine Texte war auch er witzig, leidenschaftlich und voller Energie. Mit einem riesigen, fast mannsgroßen Rucksack war er damals zum Treffen erschienen und hatte mir, weil es an dem Tag so kalt war, den Ärmel seines Thermohemdes gezeigt, um zu beweisen, wie viele Schichten Kleidung er trug. Damals fand ich seinen Anblick so niedlich, dass ich lachen musste. Als ich sagte:

»Ich sehe dich noch ganz genau vor mir, wie du an diesem Abend meintest, du hättest so viele Schichten an.«

»Das ist heute genauso«, gab er scherzhaft zurück und zählte die Kleidungsschichten auf, die er gerade trug.

Tatsächlich reden Schriftsteller kaum über ihre Texte, wenn sie sich treffen. Die meiste Zeit vergeht mit Klagen über zu viel Arbeit, den Druck der Abgabefristen und die Zweifel, die oft aufkommen. So auch an diesem Abend. Außerdem sprachen wir über das Leben an sich, über diese seltsame Grauzone zwischen *leben* und *irgendwie überleben*. Die Stimmung wurde nun etwas ernster. Schließlich kam das Thema auf die Pflege von Lebewesen.

»Stimmt ja, du hast viele Pflanzen«, sagte K, der davon in einem meiner Texte gelesen hatte.

»Ja, genau«, sagte ich und nickte.

»Du strahlst richtig, sobald du über Pflanzen sprichst. Das scheint wirklich deine Leidenschaft zu sein.«

Dann erzählte er, dass er seit Jahren Goldfische halte. Als ich fragte, wie lange Goldfische eigentlich leben, klärte er mich auf, es seien etwa fünf Jahre. Das war länger als erwartet, doch aus der Perspektive eines Menschen, der sich eines

Tages von einem Goldfisch verabschieden muss, schien mir diese Zeit trotzdem recht kurz. Y berichtete, dass er sich seit Kurzem um Schnecken kümmere – zwar unfreiwillig, aber mit einer ganz eigenen Hingabe. Seine Geschichte, wie er zum Hüter einer ganzen Schneckenfamilie geworden war, ist so amüsant, dass sie mir im Gedächtnis blieb, aber sie hier zu erzählen, wäre wohl unpassend. Vielleicht schreibt Y ja eines Tages selbst darüber. Jedenfalls überlegte er, für seine Schnecken sogar Gemüse anzubauen, um ihnen frisches Futter bieten zu können.

K hingegen hatte sich vor Kurzem einige Pflanzen zugelegt und war überrascht, wie beruhigend das für ihn sei. Er wolle damit weitermachen. Dass jemand Interesse an Pflanzen entwickelt und mit Leidenschaft dabeibleibt, ist etwas, das ich mir in letzter Zeit besonders wünsche, weshalb ich mich sehr darüber freute. Schon allein die Tatsache, dass K bisher keine einzige Pflanze hat eingehen lassen, war für mich ein Beweis seiner guten Pflege. Er hat also mit Sicherheit einen grünen Daumen. Ich sprach ihm Mut zu, er solle unbedingt dranbleiben.

Aber warum sollte das nur für die Pflanzenpflege gelten? Menschliche Beziehungen, in denen man ein gemeinsames Hobby teilt, gehören zu den stabilsten überhaupt. Wer eine Leidenschaft pflegt, teilt etwas zutiefst Friedliches, eine Freude, die keine Gegenleistung verlangt. Wenn man liebt, braucht es kein Maß, keine Bewertung.

Während wir über Pflanzen, Goldfische und Schnecken redeten, fühlten wir uns wie euphorisiert, doch sobald das

Gespräch wieder auf das Schreiben überging, wurde die Stimmung ernster. Wie viele Tage und Nächte waren seit unserer ersten Begegnung in Hyehwa bis zu unserem heutigen Treffen in Gwanghwamun vergangen? Jemand von uns sagte, bei so vielen großartigen Romanen auf der Welt frage er sich oft, ob man sich diese mühsame Arbeit immer wieder antun müsse. Ich stimmte ihm zu. Eine diffuse Angst bleibt, selbst nach all den Jahren. Die Angst vor dem leeren Blatt, die Versuchung, alles hinzuwerfen, dazu der schrumpfende Buchmarkt und die schwindenden Leserzahlen.

Fast täglich kommen mir die Worte eines älteren Schriftstellers in den Sinn, er sagte:

»Bei dieser Arbeit gibt es nichts, worauf man aufbauen könnte.«

Die Gewissheit, mit dieser Unsicherheit nicht allein zu sein, rettet mich oft vor einer diffusen Angst.

»Aber wenn es läuft, wenn der Text fließt, dann ist das doch das schönste Gefühl, oder?«, sagte K mit einem fast verlegenen Lächeln, als wir uns verabschiedeten. Und natürlich hatte er recht. Nach all den Wehklagen mussten wir beide lachen.

Zu Hause dachte ich noch lange über den Abend nach. Drei oder vier Jahre waren seit unserem letzten Treffen vergangen, trotzdem fühlte es sich an, als wäre es gestern gewesen. Unsere Leben hatten sich kaum verändert. Wir alle versuchten, etwas zu pflegen und zu bewahren. Wir hatten akzeptiert, dass die Anstrengung, die das Schreiben mit sich bringt, nie nachlassen wird. Und trotzdem sitzen wir weiterhin jeden Tag am Schreibtisch, um etwas zu Papier zu bringen.

Y sagte, es sei für ihn eine tiefe Erfüllung, wenn er alle Aufgaben des Tages erledigt habe und dann den Computer zum Schreiben einschalte. In diesem Moment kehre er ganz zu sich selbst zurück. K plante, seinen Roman bald fertigzustellen. Dieses ruhige Bild von uns dreien in einem Café sitzend werde ich lange im Herzen behalten; unseren Winter, in dem unsere Liebe zum Schreiben und zu Geschichten immer größer wurde, bis wir schließlich zu Menschen wurden, die sie selbst schreiben.

Auf meinem Balkon geht es den Pflanzen so gut wie nie. Vielleicht erreicht der Winter sie langsamer als uns Menschen. Oder es ist für sie noch Spätherbst, eine Zeit, um Kräfte zu sammeln. Nach dem nächsten Abgabetermin werde ich meine Begonien und Monsteras durch neue Stecklinge vermehren, auch die *Euphorbia tirucalli*, die so üppig gewachsen ist, dass sie ihre zarte Anmut verloren hat. Ich hatte K an jenem Abend versprochen, ihm beim nächsten Treffen Pflanzenableger mitzubringen. Das sollte keine Floskel, sondern ein kleines Versprechen an unsere Zukunft sein. Wie die Pflanzen im Winterlicht, die Goldfische im Glas, die Schnecken im stillen Garten, so werden auch wir weiterleben, als schreibende Menschen. Das, was wir an jenem Abend sagten, war kein Wunsch, sondern ein Segen für die Zukunft, die wir längst begonnen hatten.

Meine Bougainvillea

Unter meinen Pflanzen gibt es einige, die ich mit bestimmten Menschen verbinde. Eine davon, die schon vor meiner Pflanzenleidenschaft seit Jahren auf meinem Balkon stand, hatte ich an dem Tag gekauft, als meine Mutter ihre Krebstherapie überstanden hatte. Jedes Mal, wenn ich sie ansehe, muss ich unwillkürlich an meine Mutter und an mich selbst denken, als ich damals auf dem Markt stand und zwischen unzähligen Pflanzen diese Bougainvillea auswählte. Obwohl der Krebs meiner Mutter früh entdeckt wurde, war es doch eine schwere Zeit. Umso glücklicher war ich, als ich die Pflanze damals nach Hause trug. Und sicher half auch die Bougainvillea, deren Zweige kräftig weiterwuchsen, die dunklen Erinnerungen an die Krankheit zu mildern.

Doch mit der Zeit habe ich gelernt, dass es nicht ohne Risiko ist, eine Pflanze so stark mit einer Person zu verknüpfen. Wenn die Bougainvillea Blätter verliert oder kraftlos wirkt, werde ich unruhig. Wenn sie blüht, hoffe ich, dass meiner Mutter etwas Gutes widerfährt. Ganz so, als hätte ich meine Gefühle an sie gebunden, was mich auf gewisse Weise verletzlich macht.

Gerade jetzt steht die Bougainvillea in voller Blüte. Ihre

Zweige sind holzig und dornig, sie ranken sich in alle Richtungen. Im engen Balkon verfange ich mich oft mit meiner Kleidung darin, als wollte mich die Pflanze festhalten. Es heißt, sie blühe fast das ganze Jahr, von April bis November, doch bei uns erscheinen die Blüten meist erst im tiefen Winter. Anfangs hielt ich die üppigen Blätter, die wie Rosenblüten wirkten, für die eigentlichen Blüten. Doch wie ich später erfuhr, waren das, was ich für Blüten gehalten hatte, tatsächlich Hochblätter, die die eigentliche Blüte schützten; und diese echte Blüte war so klein, dass man sie kaum erkennen konnte. Ich war enttäuscht, doch zugleich fasziniert von der Erkenntnis, dass das, was ich für den Kern hielt, nur eine Hülle war. Bei näherem Hinsehen zeigten die Hochblätter feine, helle Blattadern und schimmerten in einem zarten Blau im Weiß.

Eine Freundin wunderte sich einmal über meine Pflanzenbegeisterung. Sie erzählte, kürzlich eine Sonnenblume geschenkt bekommen zu haben, in einem Topf.

»Ich war total beunruhigt«, sagte sie.

»Warum? In einem Topf kann man die Pflanze doch ganz praktisch großziehen«, entgegnete ich.

»Aber was, wenn sie eingeht? Wenn *ich* sie eingehen lasse.«

Ich verstand, was sie meinte. Wenn man ein lebendiges Wesen geschenkt bekommt, trägt man Verantwortung und sorgt sich. Doch Pflanzen haben ihren ganz eigenen Rhythmus. Sie blühen und vergehen in jedem Zuhause. Wenn man erfahrene Pflanzenliebhaber fragt, wie man eine

Pflanze richtig pflegt, hört man oft, man müsse zuerst viele eingehen lassen. Eine zynische, aber ehrliche Antwort.

Bei genauer Betrachtung gilt dieser Satz für fast alles im Leben. Wie schreibt man gut? Man muss zunächst viele Texte misslingen lassen. Wie führt man gute Beziehungen? Indem man streitet und auch Trennungen durchlebt hat. Das sind Sätze, die zum Scheitern ermutigen. Auch ich bin der Überzeugung, dass jeder Misserfolg ein notwendiger Schritt zur persönlichen Erneuerung ist. Doch diese Wahrheit zu akzeptieren, fällt mir unendlich schwer. Denn Scheitern bedeutet nicht einfach das Ausbleiben eines Erfolgs, sondern den Zusammenbruch einer ganzen Welt, die man zu kennen glaubte. In solchen Momenten sind wir meist tief verletzt und erleben, zumindest für eine Weile, wie unser ganzes Leben aus den Fugen zu geraten scheint.

Die Bougainvillea kam vor der Veröffentlichung meines ersten Buches zu uns. Rückblickend war es eine Zeit, die für mich alles andere als leicht war. Ich wollte unbedingt schreiben, doch mir boten sich keine Möglichkeiten zur Veröffentlichung. Mein Einkommen sank drastisch, mir blieb weniger als in meinem früheren Bürojob. Ich hatte mutig gekündigt, fest entschlossen, meinen Traum zu verwirklichen, doch die dunklen Momente gruben sich immer tiefer in meinen Alltag.

Als meine Mutter ihre Chemotherapie beendet hatte und auch ich in meine eigene Realität zurückkehrte, hatte sich trotzdem nichts geändert. Nach all der Zeit, die rastlos verstrich, während ich meiner Mutter im Kampf gegen den

Tod beistand, herrschte in meinem Leben weiter Stillstand. Damals war ich leicht reizbar und empfand oft Wut auf meine Familie. Ich begann, andere Menschen zu meiden. Schließlich ließ ich meinen Handyanschluss fast ein Jahr lang sperren. Und nachdem ich erfuhr, dass SMS weiterhin zugestellt werden, sperrte ich die Telefonnummern meiner Familie eine nach der anderen – rückblickend ein grausamer Entschluss. Nun war ich völlig allein. Dabei war es nicht so, dass ich Menschen bewusst von mir stoßen wollte; vielmehr bedeutete es wohl, mich selbst in diesem Zustand nicht mehr ertragen zu können. Es war, als hätte ich sämtliche Spiegel aus meiner Wohnung entfernt, um mich nicht ansehen zu müssen. Und vielleicht war dieses Umherirren überhaupt nur möglich, weil meine Mutter den Krebs überstanden hatte.

Eines Tages checkte ich in der U-Bahn auf dem Rückweg von einem beruflichen Treffen die Nachrichten, die im Spamfilter gelandet waren. Neben zahllosen Werbebotschaften lagen dort auch Nachrichten meiner Mutter. *Hast du etwas gegessen? Tut dir irgendetwas weh?* Obwohl ich ihr deutlich erklärt hatte, mich nun ganz auf das Schreiben konzentrieren zu müssen und viel zu beschäftigt sei, um erreichbar zu sein, erkundigte sie sich weiter nach meinem Befinden, auch wenn sie genau wusste, dass ich ihr nicht antworten würde. Bis heute habe ich mich nicht getraut zu fragen, warum sie mir damals weiterhin Nachrichten geschrieben hat. Ich schäme mich zu sehr.

Es gibt Dinge, die standhaft bleiben, ganz gleich wie heftig sie auch erschüttert werden. Wie Bäume, deren Äste sich im Wind neigen und doch wieder aufrichten.

Zum Glück gibt es Menschen, die mir in meinem Leben geblieben sind, egal wie tief ich gefallen bin, egal wie schmerzhaft ich gescheitert bin. Wenn man in einem solchen Moment erkennt, dass jemand einfach da ist, ruhig und zugewandt, dann verliert das Scheitern seinen Schrecken, und das Vertrauen in den neuen Tag kehrt zurück. Und auch wenn man erneut stolpert, lernt man, das Gewicht des Lebens ein wenig besser zu tragen. So wie Pflanzen, die trotz der Schwerkraft aufrecht stehen, genau wie die Bougainvillea, die sogar ohne Blüten ihre Blätter stolz emporstreckt und dafür Bewunderung erntet.

Alle Dinge, die zu Boden fallen, beten

Ich war eine Weile krank. Der Stress wegen einer bevorstehenden Manuskriptabgabe hatte mir auf den Magen geschlagen, daraufhin wurden die Beschwerden so schlimm, dass ich drei Tage lang fasten musste. Zum ersten Mal in meinem Leben tat ich etwas, das ich mir nie zugetraut hätte: Ich sagte einen Abgabetermin ab. Schriftsteller lassen Fristen manchmal platzen. Wenn man eine totale Schreibblockade hat, wenn man denkt, es ist besser, sich Vorwürfen von Unzuverlässigkeit oder mangelnder Sorgfalt auszusetzen, als einen schlechten Text zu veröffentlichen, kann man ein Manuskript nicht abschicken. In meinem Fall hatte ich, zumindest im Zusammenhang mit der Veröffentlichung von Erzählungen, noch nie eine solche Entscheidung getroffen, doch diesmal sah ich keinen anderen Ausweg. Außerdem beschloss ich, bis zum Jahresende keine weiteren Erzählungen zu schreiben. Für jemanden wie mich, dessen Lebensrhythmus sich über Jahre hinweg daran orientiert hatte, welche Texte jeweils mit den wechselnden Monaten und Jahreszeiten fällig waren, schien das eine gravierende Entscheidung.

Ganz unabhängig davon, wie es ihrer Hüterin geht, führen die Pflanzen in unserer Wohnung ihr Leben im eigenen Rhythmus weiter. Es mag seltsam klingen, aber auf dem Balkon dürfen bei mir nur Pflanzen stehen, die gerade etwas schwächeln. Der beste Platz ist für die Schwächsten reserviert, die Übrigen müssen sich mit weniger Licht und Luft zufriedengeben. Ich kümmerte mich um sie, goss sie regelmäßig, aber Wasser hilft nur, wenn Wachstum überhaupt möglich ist. Obwohl die Pflanzen weiterhin welkten, wurde ich übermütig und vergriff mich ausgerechnet am ohnehin angeschlagenen Speckbaum. Ich versuchte, ihn in spezielle, die Wurzelbildung fördernde Erde umzutopfen, doch das schadete ihm nur noch mehr, bis er schließlich innerhalb weniger Tage dahinwelkte. Ein Zuviel an Zuwendung kann ein fragiles Gleichgewicht zunichtemachen. Schon oft hatten mir Pflanzen Lektionen über das Leben erteilt, und doch hatte ich sie immer noch nicht wirklich verinnerlicht.

Nach meinen Arztbesuchen besuchte ich regelmäßig einen Blumenladen, in dem ich einen Kurs über Pflanzenpflege gebucht hatte. Obwohl ich nichts essen konnte und völlig erschöpft war, wollte ich die Termine nicht absagen, allein schon wegen der Anzahlung. Zufällig hatte eine jüngere Kollegin in der Nähe einen Termin, deshalb verabredeten wir uns danach in einem Café. Doch ich fühlte mich so kraftlos, dass ich mich kaum an unserem Gespräch beteiligen konnte. Wie wichtig eine Mahlzeit doch ist, dachte ich, während ich nicht einmal den Tee trinken konnte, sondern mir ein Glas Mineralwasser bestellte und ein paar Schlucke davon nahm.

»Ich konnte das Manuskript nicht beenden. Und ich glaube, ich werde eine Weile überhaupt nichts schreiben können. Mir fehlt einfach die Kraft.«

»Vielleicht werden Sie gerade zu einem neuen Menschen«, sagte die Kollegin völlig unerwartet.

Ich wusste nicht, wie ich darauf reagieren sollte, und musste lachen.

»Meinen Sie? Oder ich werde einfach jemand, dem alles egal wird und der dann hinschmeißt.«

»Ach was, nein«, gab meine Kollegin zurück und winkte hastig ab.

Nachdem wir uns verabschiedet hatten, machte ich mich auf den Weg zum Blumenladen. Es war kein Kurs über allgemeine Pflanzenpflege, sondern es ging darum, wie man Pflanzen beschneidet und formt, sodass sie fast wie Skulpturen wirken.

Die Kursleiterin, eine ehemalige Floristin, begrüßte mich freundlich. Gemeinsam pflanzten wir eine Kamelie in eine Schale mit Bonsai-Erde. Dann betrachteten wir sie aus einiger Entfernung und überlegten, wo wir bei dieser Pflanze Leerräume schaffen könnten. Ich fühlte mich erschöpft, aber die Aufgabe war durchaus interessant

»Stellen Sie sich erst grob vor, welche Form die Pflanze später annehmen soll«, sagte die Kursleiterin und fuhr dann fort:

»Dann schaffen Sie behutsam Leerräume, damit die Schönheit der Pflanze zum Vorschein kommt. Wo möchten Sie beginnen?«

»Ich würde gern hier schneiden«, antwortete ich und deutete auf die dichteste Stelle der Kamelie. Wenn man die Schönheit der Pflanze betonen wollte, schien mir dieser Bereich das größte Problem zu sein.

»Hm, ja, das wäre auch möglich. Aber wie wäre es, wenn wir zunächst einen anderen Teil angehen?«

Sie deutete auf einige andere Zweige. Für einen Augenblick fragte ich mich, ob es vielleicht eine richtige Antwort gab, doch der Grund dafür wurde mir erst am Ende des Kurses bewusst.

Damit ich die Eleganz der weit auslaufenden Äste wahrnehmen konnte, musste der dichte, schwere Teil als Kontrast bestehen bleiben. So wie ein Moment der Ruhe erst dann kostbar wird, wenn man ihn nach einem hektischen Tag erlebt.

Nach Ende des Kurses dachte ich noch einmal über das nach, was in letzter Zeit mit mir geschehen war, darüber, dass ich eine Weile nicht schreiben konnte. Plötzlich erschien mir wichtig, dass *ich selbst* meine Arbeit unterbrochen hatte. Solange ich diese Entscheidung für mich treffe, bedeutet es nicht das Ende. Alles, was zu Boden geht, betet dafür, wieder aufstehen zu können. Also wird alles gut werden, dachte ich, während ich die Kamelie, der ich mit Bedacht neue Zwischenräume geschaffen hatte, nach Hause trug.

Eine lockere Party

In diesem Dezember fühlen sich die Tage für mich endlich wieder nach Jahresende an. Mein Erzählband *Weihnachtsmosaik* ist erschienen, ich gehe an den Wochenenden zur Messe in die Kirche und warte mit den anderen Menschen auf Weihnachten, außerdem bereite ich einige kleine, bescheidene Jahresabschlussfeiern vor. Ironischerweise ist all das möglich, weil ich vor Kurzem an Covid-19 erkrankt bin. Zwar hört man immer wieder von Reinfektionen nach nur wenigen Wochen, aber für eine Weile bin ich wohl die sicherste Person in meinem privaten Umfeld.

Draußen herrscht Winter, doch in der Wohnung sorgt die Heizung für gleichmäßige Wärme, und so wachsen die meisten Pflanzen einfach weiter, ohne große Veränderungen. Die Kamelie bildet immer dickere Knospen und verdichtet so das Gefühl des Winters, und sogar der Himmelsbambus, der in der Ecke des Balkons mit wenig Licht und kaum Wind auskommen musste, treibt seine Zweige nun üppig aus und besticht auch im vierten Jahr mit einer stillen, würdigen Anmut. Auch der Weihnachtsstern, den ich sofort gekauft hatte, als er im Blumenladen angeboten wurde, wächst nun weiter und verbreitet mit seinen roten Blättern eine winterliche, weihnachtliche Stimmung. Heute Nachmittag soll außerdem die Zypresse eintreffen, die ich als Weihnachtsbaum schmücken möchte.

Unsere Araukarie, die bisher als Weihnachtsbaum diente, hat es leider nicht mehr geschafft. Sie trieb keine neuen Zweige mehr aus und ihre alten verdorrten, sodass ich sie nach und nach stutzen musste. Trotzdem, so dachte ich, könnte es für die Weihnachtszeit noch reichen, und legte vorsichtig eine Lichterkette um die verbliebenen Zweige, doch auch diese konnten das Gewicht kaum noch tragen. Am Ende blieb mir nichts anderes übrig, als sämtlichen Christbaumschmuck bis auf ein paar kleine Sterne und Rentiere wieder abzunehmen.

Natürlich gibt es heutzutage auch schöne künstliche Weihnachtsbäume, und eigentlich scheint es auch vernünftiger, etwas zu schmücken, das genau zu diesem Zweck gemacht wurde, statt ein geschwächtes Bäumchen weiter zu belasten. Doch ein künstlicher Baum hätte zwischen meinen lebenden Pflanzen zu sehr herausgestochen. Sie wachsen wild, unregelmäßig, auf ihre eigene Art schön – ein makelloser, immergrüner Kunststoffbaum hätte ihnen das Licht genommen. Also beschloss ich, eine neue Pflanze zu kaufen. Eine Koreatanne, die sogar ins Ausland exportiert wird, wäre mein Traum gewesen, aber sie war recht teuer. Nach langem Überlegen entschied ich mich für eine zartgrüne Zitronenzypresse als unseren diesjährigen Weihnachtsbaum.

Am vergangenen Wochenende traf ich mich mit einer

befreundeten Familie zu einer kleinen Jahresendfeier. Wir waren vier Erwachsene und ein lebhaftes Kind. Eigentlich hatten die Freunde überlegt, das Kind von den Großeltern hüten zu lassen, damit wir Erwachsenen unter uns wären, doch das Kind wollte unbedingt dabei sein. Zufällig war es auch jener Tag, an dem ich der Familie endlich die von mir gezogene Begonie übergeben wollte. Nachdem sie in unserer Wohnung einen Monat lang Zeit zum Eingewöhnen gehabt hatte, sollte sie nun in ihrem neuen Zuhause mit der Familie zusammenleben. Ich dekorierte sie mit einem kleinen glitzernden Weihnachtsschmuck und verpackte den Topf behutsam in Luftpolsterfolie, damit sie bei der ersten Begegnung einen guten Eindruck machte. Ein bisschen tat es weh, sie gehen zu lassen. Aber man kann nicht alles festhalten – tut man es dennoch, verliert es irgendwann an Bedeutung.

Nach dem Essen in einem Restaurant und dem Abstecher in eine Bar schlug das Kind, das den Abend tapfer überstanden hatte, schließlich vor, nun doch besser nach Hause zu gehen. Es sei kalt, wir seien satt, deswegen wäre es doch schön, es sich zu Hause gemütlich zu machen. Ich wollte meinen Freunden keine Umstände bereiten, doch das Kind nahm meinen Arm und sagte:

»Tante Keum Hee, komm zu uns nach Hause! Schlaf heute bei uns!« Also ging ich mit hinauf in die Wohnung. Von dort aus bot sich ein weiter Blick über die nächtliche Stadt Incheon.

»Die Blätter sind wunderschön. Mach dir keine Sorgen,

ich werde mich gut um sie kümmern«, beruhigte mich meine Freundin, als ich ihr die Pflanze überreichte.

»Wie hieß sie noch gleich?«, fragte sie, doch mir wollte der Name nicht einfallen. Also schimpfte ich lachend über mein schlechtes Gedächtnis, das bestimmt von meiner Covid-Infektion herrühre, und suchte im Internet nach dem vollständigen Namen.

Wir aßen doppelt frittierte Pommes frites, verschütteten ein Glas Wein, hörten das Kind sein englisches Tagebuch laut vorlesen und lachten viel. Dazwischen mischte sich auch etwas Wehmut, eine besondere Stimmung, die das Jahresende mit sich bringt. Kurz nach Mitternacht machte ich mich auf den Heimweg, mit einem kleinen Ficus im Arm, den mir meine Freundin mitgab.

»Der sieht nicht gut aus, bist du sicher, dass du ihn trotzdem haben möchtest?«, fragte sie zögerlich. Sie machte sich Vorwürfe, weil der erst kürzlich gekaufte Ficus schon zu welken begann. Also bot ich an, mich um ihn zu kümmern. Ob ich wirklich einen grünen Daumen hatte, war fraglich. Ich nahm die Pflanze nicht mit, weil ich sicher war, sie retten zu können, sondern weil ich es versuchen wollte. Vielleicht würde sich der Ficus erholen, dann könnte meine Freundin sehen, dass kleine Rückschläge bei der Pflanzenpflege nicht das Ende, sondern ein Teil des Prozesses sind. Und wenn der Ficus es nicht schaffen sollte, wäre es wie eine Bestätigung, dass solches Scheitern ganz normal ist. In jedem Fall wäre nichts verloren.

Die wertvollste Einsicht, die ich durch die Pflanzenpflege

gewonnen habe, ist genau diese Art von Trost. Pflanzen, die in unserer Nähe gedeihen und vergehen, lehren uns nicht große Lektionen oder plötzliche Erleuchtungen, sondern etwas viel Profaneres, nämlich die sanfte, schlichte Beständigkeit des Lebens durch Luft, Wasser und Licht.

Ich wünsche mir, dass diese grüne, stille Widerstandskraft der Pflanzen als eine Form von Weisheit in uns Wurzeln schlägt. Und dass uns auch in schweren Momenten die Zuversicht bleibt, den Blick auf einen Baum, eine Pflanze, auf ein einziges Blatt zu richten. Denn gerade diese zarte Zuversicht, sich dem Leben zuzuwenden, ist das besondere Geschenk, das uns die Pflanzen machen. Jetzt, am Ende des Jahres, erkenne ich in großer Dankbarkeit, wie kostbar dieses Geschenk ist.

TEIL 4

EIN SOLCHER BAUM BIN ICH GEWORDEN

Die Rückkehr des Frühlings

In letzter Zeit verbringe ich viel Zeit auf dem Balkon. Das Wetter ist milder geworden, überall zeigen sich neue Blätter. Der Purpurhauch, den ich den ganzen Winter lang für abgestorben gehalten hatte, begann eines Tages zaghaft neue Triebe zu zeigen und schließlich sogar Blütenknospen zu bilden. Eine wunderschöne Wendung. Noch vor dem Herbst hatte er alle Blätter abgeworfen und war von Spinnmilben befallen gewesen. Ich hatte ihn längst aufgegeben. Und nun, als wolle er mich aus meiner Mutlosigkeit reißen, trieb er Blätter und Knospen zugleich.

Achtsam strich ich über seine zarten, hellgrünen Blätter. Sie waren unglaublich weich, von feuchter Frische durchzogen. Noch enthielten sie wenig Chlorophyll, um genug Energie aufzunehmen, aber mit der Zeit, wenn sie vom Wind umspielt werden, Sonne tanken und der trockenen Luft trotzen, würden sie kräftiger werden. Ihre Farbe würde dunkler, die Blätter dicker und die Blattadern deutlicher hervortreten. Ein wunderbares Geschenk des Frühlings.

Doch die Schönheit der Blüten des Purpurhauchs war für mich zunächst schwer zu erfassen. An den dünnen Zweigen hingen hauchzarte, fast flaumartige Blüten, so winzig, dass man sie nur aus nächster Nähe erkennen konnte. Gemessen an der über einen Meter hohen Pflanze waren sie kaum sichtbar, trotzdem freute ich mich darüber. Ich hatte sie schon verloren geglaubt, trotzdem aber immer weiter gegossen. Die Hoffnung hatte über die Vernunft gesiegt, denn Hoffnung entspringt dem Herzen, nicht dem Verstand. So hoffen wir auch auf den Frühling, obwohl wir wissen, dass er unweigerlich kommt.

Die im Internet oder Magazinen gezeigten Pflanzen sind immer makellos, fast wie Gemälde. In Wirklichkeit aber wachsen Pflanzen eigenwillig, oft schief, schießen in die Höhe oder verzweigen sich kreuz und quer. Als meine Kalanchoe trotz ihrer wilden, unförmigen Triebe plötzlich in voller Blüte stand, war ich überrascht. Zwischen den dunklen Regalbrettern, wo kaum Licht einfiel, hatte sie sich bis zum Balkonfenster vorgestreckt und dort im vollen Sonnenlicht eine opulente Blütenpracht gebildet. Ohne die stützende Fensterscheibe hätte der Stängel ihr Gewicht nicht getragen. Sie erinnerte mich eher an eine Fliegenklatsche als an eine elegante Pflanze. Ihre fingerartig verzweigten Blütenstiele klebten verzerrt am Fensterglas, was dem Ganzen etwas Unheimliches gab, wie die Figuren auf einem Gemälde Edvard Munchs.

Ich spielte sogar mit dem Gedanken, die Blüten abzuschneiden, damit sie wieder »normal« wuchsen. Doch jedes Mal, wenn ich zur Schere griff, konnte ich mich nicht überwinden. Während dieses Winters des Zögerns trug ich Schicht um Schicht meiner eigenen Gedanken ab, um schließlich den Entschluss zu fassen, vergangene Zeiten nicht sentimental zu verklären. Vergessen wollte ich sie nicht, aber auch nicht mehr die immer gleichen Gefühle durchleben und dadurch in alten Reaktionsmustern gefangen bleiben. Es bedeutete, mich nicht länger als Opfer meiner Vergangenheit zu betrachten, zu verstehen, dass ich in Krisen verzerrt reagierte, und ganze Lebensphasen nicht zu verwerfen, nur weil sie anders verliefen, als ich es mir gewünscht hatte.

Die Kalanchoe hatte einfach in die Richtung Kraft gesteckt, in der sie am vitalsten leben konnte. Als ich das begriff, erschien mir ihre Blüte wie die schönste, die sie hervorbringen konnte.

Gestern zupfte ich die vertrockneten Blätter des Tausendblattbaums ab. Sie hätten längst abfallen sollen, denn sie behinderten die neuen Triebe. Ich war mir nicht sicher, ob das richtig war, aber als ich die ersten Blätter abzupfte, konnte ich nicht mehr aufhören. Es war befreiend, wie das Putzen einer trüben Fensterscheibe oder benutztes Geschirr abzuwaschen und es glänzend zu polieren.

Die am Fuß der Balkonpflanzen dicht gewachsenen Büschel von Sauerklee habe ich ebenfalls ein wenig ausgedünnt. Man sagt zwar, dass der Klee im Topf tief wurzele und so das Wachstum anderer Pflanzen behindere, doch zumindest auf meinem Balkon nimmt der Sauerklee einen durchaus respektablen Platz ein. Wo er sich einmal angesiedelt hat, wachsen die anderen Pflanzen nämlich nachweislich gut. Es mag Zufall sein, aber dass der völlig erstarrte

Olivenbaum wieder erwachte, der Seidenbaum im vergangenen Jahr so prächtig blühte und der Purpurhauch neue Blätter trieb, all das geschah erst dank des Sauerklees. Tatsächlich wird Sauerklee auch als Heilpflanze genutzt und gilt als natürlicher Feind der Spinnmilben. Meine Vermutung war also nicht völlig aus der Luft gegriffen. Natürlich ist das Ergebnis nicht immer gut ausgefallen, weshalb ich rate, es auf jedem Balkon zunächst vorsichtig auszuprobieren. Der kleine Teebaum, der die erste Koexistenz mit dem Sauerklee begann, ist aus mir nicht nachvollziehbaren Gründen eingegangen. Nun gehört der ganze Terrakottatopf dem Sauerklee allein.

Meine letzten Arbeiten galten gestern den vertrockneten Wedeln des Farns. Danach fegte ich den Balkon gründlich sauber, nachdem ich im Topf der Nandina eine kleine weiße Raupe entdeckte. Ich wollte sie sofort entfernen und holte eine kleine Handschaufel, aber in der Zwischenzeit war sie schon in der Erde verschwunden und nicht mehr zu finden. Da wurde mir bewusst, ja, es ist wirklich Frühling! Er kommt nicht nur mit dem Wetter und einer sich verändernden Natur, sondern auch mit den Aufgaben, die wir bewältigen müssen. Nachdem ich gefegt hatte, trat ich wieder in die Wohnung und bestellte sofort ein Insektizid im Internet. Welche Schädlinge werden dieses Jahr wohl wieder Ärger machen? Wie werden meine Pflanzen den heißen, feuchten Sommer unbeschadet überstehen? Vertraute Sorgen machten sich in meinem Kopf breit. Und doch blieb das Gefühl, dass ein neuer Tag angebrochen war.

Diese Freude ist wie eine natürliche Harmonie, die tief im Herzen leise aufsteigt und sich ganz von selbst ausbreitet.

Weiße Träume

Nachdem wir eine weißblütige Azalee und eine kleine Kokospalme gekauft hatten, brachten wir sie unversehrt nach Hause. Die Azalee hatten wir in einer Baumschule in Ilsan ausgesucht, sie war knapp einen Meter groß. Eigentlich waren wir wegen einer anderen Pflanze hingefahren, doch diese war nicht vorrätig, stattdessen gefiel meinem Mann die Azalee mit ihren üppigen weißen Blüten so gut, dass wir uns für sie entschieden.

Auf der Homepage der Baumschule war ein markiges Versprechen zu lesen: »In unserem Gartencenter verladen wir auch große Bäume problemlos und sicher. Selbst zwei Meter hohe Bäume passen in ganz normale Privatfahrzeuge!« Dass ein zwei Meter hoher Baum in ein gewöhnliches Auto passen sollte, konnte ich mir kaum vorstellen. Ganz gleich, wie ich es mir vorstellte – ich sah förmlich vor mir, wie Blätter, Zweige oder sogar der Stamm aus dem Fenster herausragten. Aber selbst diese Vorstellung wirkte in meiner Fantasie nicht unangenehm, sondern vielmehr heiter – wie ein Zufallsmoment, wenn man aus dem Auto heraus den Blick eines Hundes erwischt, der neugierig zum Fenster hinausschaut.

Der Inhaber der Baumschule war, ganz wie die Homepage vermuten ließ, ein lebhafter, positiv denkender Mensch. Als wir nach dem Preis der Azalee fragten, erklärte er zunächst, sie stünde eigentlich nicht zum Verkauf, nannte dann aber den Preis von 25 000 Won. Außerdem fügte er hinzu:

»Die ist nicht günstig, weil sie irgendwo beschädigt wäre. Ich habe sie über lange Zeit gepflegt!«

Die Azalee hatte eine Form, die an die Zahl Acht erinnerte. Der Inhaber sagte stolz, er habe sie eigenhändig so zurechtgeschnitten. Vermutlich verkaufte er sie uns deshalb, weil wir den langen Weg gekommen waren, um eine Pflanze zu kaufen, die eigentlich schon als ausverkauft hätte deklariert werden sollen.

Der Anblick dieser Azalee auf unserem Balkon war im damaligen Frühling jedenfalls wunderschön. Eines Abends, als ich sie umtopfen wollte und mit der Pflanzschaufel die Erde im Topf anhob, entdeckte ich darin einige friedlich schlafende Engerlinge. Zuerst erschrak ich und schrie kurz auf – doch die Engerlinge bemerkten nicht einmal, dass die dicke Erdschicht über ihnen plötzlich geöffnet worden war. Zusammengerollt lagen sie da, in sich gekehrt, versunken in tiefen Träumen.

Es war das erste Mal, dass ich Engerlinge in natura sah. Der in der Dämmerung liegende Balkon, die Azalee voller weißer Blüten und zu ihren Füßen die hellen, fast leuchtend weißen Engerlinge. Ich war unschlüssig, wie ich mit dem Umtopfen weitermachen sollte, war aber zugleich überwältigt von dieser stillen, fast zarten Szenerie. Die Engerlinge, die noch vor der Ausbildung ihrer Organe in ihrer kleinen Gestalt in der Erde weiterschliefen, dieser besondere Augenblick schien den leuchtenden Schleier einer Frühlingsnacht über meinen Alltag auszubreiten.

Die vielen Erzählungen der Liebe

Vor einigen Tagen hatte ich mir selbst etwas geschenkt, gewissermaßen als Belohnung dafür, sämtliche Abgabetermine der letzten Monate eingehalten zu haben. Ich fuhr zu einer Gärtnerei in Ilsan. Dort wollte ich mir eine Blühpflanze kaufen, um das Öffnen ihrer Knospen mitzuerleben, eine nach der anderen, bis alles in kräftigen Farben leuchtet. Vielleicht liegt darin der Unterschied zwischen einer bloßen Betrachterin und einer Pflanzenhüterin. Wir wollen nicht nur das Ergebnis sehen, wir wollen Teil des Prozesses sein. Wir gießen täglich, schimpfen über Schädlinge, trauern um abgefallene Blätter. Auf unsere Weise erzählen wir damit eine Erzählung der Liebe – eine Vielzahl von Liebeserzählungen.

Am Eingang der Gärtnerei musterte ich die Pflanzen eine nach der anderen. Es war Pflanzzeit, die Setzlinge für den Frühling standen in Reihen: Tulpen, Wildblumen, Freesien. Ich nahm mir Zeit und wollte erst später entscheiden, welche davon mit nach Hause kommen durfte.

In der Gärtnerei greife ich nicht sofort nach einem Einkaufskorb. Es gibt viele Menschen und noch mehr Pflanzen, die Wege sind eng. Möchte man sich alles genau ansehen, sind freie Hände praktischer. So ging ich durch den Laden und begann damit, eine Liste von Pflanzen zu erstellen, die ich mit nach Hause nehmen wollte, und solche, die ich gern kaufen wollte, mir aber noch unsicher war. Der Duft der Freesien war betörend, schon in der Nähe des Regals lag er schwer in der Luft. Ich stellte mir vor, wie dieser süße Geruch morgens das Wohnzimmer erfüllt, wie er schlechte Träume vertreibt. Doch eigentlich war ich wegen der Tulpen gekommen. Sollte ich wirklich noch eine Blühpflanze nehmen? Vielleicht war die fröhliche Iberis mit ihren weißen Blüten die bessere Wahl. So ging ich hin und her und überlegte sorgfältig. Welche Pflanze berührt mich am meisten? Welche möchte ich lange pflegen? Und welche würde mich an einem einsamen, traurigen Tag mit einem neu gewachsenen Blatt trösten? Es mutete fast wie die Suche nach einem Lebenspartner an.

»Die haben wir doch auch zu Hause, oder?«, sagte mein Mann und zeigte auf eine Pflanze. Es war eine *Calathea stromanthe multicolor*, deren purpurfarbene Blätter sich mit elfenbeinfarbenen, rosa- und dunkelgrünen Mustern, wie mit Aquarellfarben gemalt, mischten. Auch in unserem Arbeitszimmer wuchs eine solche Pflanze mit üppigen Blättern.

»Stimmt, die haben wir damals in Sangsu-dong gekauft.«

Dann blieb unser Blick am Preisschild hängen. Die Pflanze sollte mehr als zwanzigtausend Won kosten. Ich erinnerte mich, dass ich unsere *Calathea* vor zwei Jahren für fast vierzigtausend gekauft hatte, samt elegantem Vintage-Tontopf. Wenn Pflanzen mit zwei, drei Blättern schon zwanzigtausend Won kosteten, wie viel mochte dann mein Exemplar zu Hause wert sein?

Die *Calathea* ist eine gutmütige, leicht zu pflegende Pflanze. Ihre Blätter rollen sich eng zusammen und entfalten sich dann weit – ein stilles, faszinierendes Schauspiel.

Gießt man sie regelmäßig, treibt sie schnell neue Blätter. Allerdings reagiert sie empfindlich auf Trockenheit, weshalb ich eine kleine Investition tätigen musste: Ich kaufte ein Mini-Gewächshaus aus Folie, wie es sonst für Freilandpflanzen verwendet wird, um sie abzudecken. Rechnet man die Kosten, inklusive Versand, nach dem heutigen Preisniveau um, entsprach das etwa dem Wert von anderthalb Blättern der *Calathea*, also rund zehntausend Won. Eine lohnende Investition also. Ob so was unter den neuerdings verwendeten Begriff *Plant-Tech* fällt?

Plant-Tech bedeutet sinngemäß ein Investment in Pflanzen. Heutzutage verkaufen viele Menschen ihre Pflanzen über Secondhand-Apps, manche Sorten erreichen dort erstaunlich hohe Preise. Besonders beliebt sind Varianten von Monstera oder Philodendron. Wenn ein Blatt aufgrund von Pigmentmangel weiße oder gelbe Muster bildet, steigt der Preis noch weiter. Stecklinge oder Jungpflanzen mit gerade einmal einem einzigen Blatt können mehrere Hunderttausend bis mehrere Millionen Won kosten, und eine ausgewachsene *Monstera Adansonii Variegata*, deren elfenbeinfarbene und grüne Muster sich auf einem Blatt mischen, kann sogar bis zu zehn Millionen Won wert sein.

Zwar konnte meine *Calathea* auf diesem Niveau nicht

mithalten, trotzdem war ich verblüfft, dass sie überhaupt einen so hohen Wert erreicht hatte. Mit ihren schlanken, elegant geschwungenen Blattstielen und den federartigen Blättern erschien sie mir plötzlich umso schöner. Ich war richtig stolz auf mich.

Natürlich hatte ich keinerlei Erfahrung mit dem Kauf oder Verkauf über Onlinebörsen. Die Vorstellung, meine Pflanzen auf einem Secondhandmarkt anzubieten, lag mir fern. Doch Pflanzen wachsen weiter, irgendwann wäre die Wohnung überfüllt, und ich könnte nichts mehr unterbringen. Unsere schnell wachsenden Begonien zum Beispiel hatten bereits fast zehn Ableger hervorgebracht. Eines Tages würde ich entscheiden müssen, welche bleiben durften und welche nicht.

Trotzdem änderte sich mein Umgang mit der *Calathea* nach unserer Rückkehr aus der Gärtnerei kaum. Ich goss sie, wenn die Erde trocken war, und obwohl ich wusste, dass durch Besprühen die Blätter viel sauberer und glänzender wurden, tat ich es nur selten. Ich pflegte sie einfach weiter wie gewohnt, mit der stillen Zuneigung, die ich ihr gegenüber immer empfunden habe. Manchmal hob ich das Foliengewächshaus an, betrachtete die Blätter und errechnete in Gedanken ihren Wert. Ich muss zugeben, dass ich mich heimlich darüber freute.

Leben im neuen Zuhause

In der Erzählung *Die roten Früchte meines Gartens* der Autorin Kwon Yeo-sun gibt es eine Szene über Blumentöpfe. Zwei ehemalige Kommilitonen, Hyun-su und die Erzählerin, sitzen beisammen und essen Mandus, koreanische Maultaschen. Sie sprechen darüber, dass man alles in einen Blumentopf verwandeln könne, solange man nur die Erde wechsle. Gäbe es eine Erde, in der Pflanzen nicht faulen, auch wenn kein Wasser abfließt, dann könnten selbst ein Topf ohne Loch, eine Schüssel, ja, sogar ein Mandu, als Blumentopf dienen. Schließlich ist eine Maultasche halbrund und umschließt ihre Füllung, genau wie die Erde eine Wurzel umschließt. Wenn das so ist, könnte auch unser Zimmer ein riesiger Blumentopf sein, und so führt das Gespräch hinüber in Erinnerungen an die Zimmer im Viertel Nangok, die früher eine ganze Generation von jungen Menschen während ihrer Studienzeit beherbergt haben. Während des Umzugs musste ich oft an diese Erzählung denken.

Vielleicht liegt das Schwierige am Pflanzenpflegen genau darin, dass für sie der Blumentopf der einzige Nährboden ist, der ihr zur Verfügung steht. Eine Pflanze im Freiland kann ihre Bedingungen selbst verändern, indem sie ihre

Wurzeln ausstreckt, um Wasser zu finden, oder durch glückliche Umstände Nährstoffe aus der Umgebung aufnehmen. In meiner Wohnung dagegen kann die Pflanze nur in dem Raum leben, den ich ihr zuweise. Bekommt sie zu viel Wasser, fault sie. Bekommt sie zu wenig, verdorrt sie, bis ich mich wieder um sie kümmere. Vielleicht belastet uns der Anblick welker Pflanzen so sehr, weil sie uns an unsere eigene Trägheit, Nachlässigkeit oder Gleichgültigkeit erinnern.

Am Tag unseres Umzugs war das Wetter herrlich. Als ich vor zwei Jahren beschloss, meine Heimatstadt Incheon zu verlassen und nach Seoul zu ziehen, war der Himmel genauso klar gewesen, sehr zur Freude meiner Mutter. Offensichtlich war mir das Wetter wohlgesinnt. Eigentlich wollte ich die Jungpflanzen sorgfältig einpacken, doch dazu kam es nicht mehr. Da wir weder mit dem Sortieren der Sachen noch mit der Wäsche fertig geworden waren, mussten wir am Umzugstag etwas improvisieren. Allein das Verpacken der Dinge, die wir nie benutzt und trotzdem aufgehoben hatten, noch dazu die Kisten aus dem Abstellraum, von denen wir nicht einmal mehr wussten, was sich darin befand, brachte meinen Rücken an die Grenze seiner Belastbarkeit.

Die Vorbereitung auf den Umzug wurde zu einer Art Bestandsaufnahme meines Lebens. All die Gegenstände, die ich gekauft hatte, weil sie mir in diesem Moment unverzichtbar schienen, tauchten plötzlich wieder auf. Sie zwangen mich, über meine eigene Angst und Rastlosigkeit nachzudenken. Ich erinnerte mich an eine Reise nach Kuba vor einigen Jahren. Ich hatte sieben Fläschchen Mückenspray eingepackt, weil ich gehört hatte, es sei dort schwer zu kaufen. Meine Freundinnen gaben mir damals einen Spitznamen, es war der Name einer koreanischen Drogeriekette.

So schimpfte ich mit mir selbst – über meine Verschwendung, meine Eitelkeit, meine Maßlosigkeit – und kämpfte mich durch diese Flut von Gegenständen. Brauchte ich wirklich so viele Dinge zum Leben? Wenn ich mir nach einem anstrengenden Tag solche Selbstvorwürfe machte, betrachtete ich die Pflanzen auf dem Balkon. Tief in der Erde verwurzelt, verbrachten sie die Nacht so ruhig wie immer.

So, wie es viele Arten von Häusern für Menschen gibt, so gibt es auch unzählige Sorten von Blumentöpfen. Aus Ton, Kunststoff, Keramik, Zement oder Glas. Am Beginn meiner Pflanzenbegeisterung war ich überzeugt, dass Tontöpfe am geeignetsten seien. Sie sahen schön aus und »atmeten«, was den Wurzeln guttat. Ich begann mit einfachen Tontöpfen aus dem Supermarkt, verliebte mich aber nach und nach in immer schönere und teurere. Schließlich interessierten mich sogar limitierte Markentöpfe, für die man sich schon im Morgengrauen in eine Schlange stellen musste.

Doch mit der Zeit stellte ich fest, dass Tontöpfe nicht immer die beste Wahl sind. Sie sind vor allem schwer. Wir haben eine *Dracaena surculosa*, die über einen Meter hoch ist und in einem Tontopf steht. Sie zu bewegen, ist kaum möglich. Wie gerne würde ich sie auf dem Balkon abbrausen, aber sie ist einfach zu schwer. Der ähnlich große Purpurhauch dagegen steht in einem Plastiktopf und kann problemlos nach draußen gestellt werden, um Wind und Regen abzubekommen.

Mittlerweile benutze ich meist sogenannte *Slit Pots* – Kunststofftöpfe mit seitlichen Schlitzen, die die Luftzirkulation verbessern und verhindern, dass die Wurzeln an den Topfrändern verfilzen. Sie kosten kaum mehr als tausend Won. So besitzen meine Pflanzen also alle ihre individuellen Behausungen. Manche sind eng, manche feucht, manche alt und farblos. Aber die Pflanzen wachsen trotzdem, sie passen sich an. Sie zeigen mir, dass Unterschiede keinen Mangel bedeuten müssen, sondern einfach nur verschiedene Bedingungen sind.

Am Umzugstag lief alles reibungslos, dank der zupackenden Umzugsmitarbeiter. Einer von ihnen fragte mich, ob ich Schriftstellerin sei. Er hatte es wohl wegen der vielen Bücherkisten vermutet und außerdem die Widmung »Für die Autorin« auf einem gerahmten Foto gelesen. Seine Tochter studiere Literatur und schreibe selbst Geschichten, sie habe auch schon Preise gewonnen. Während ich ihm zuhörte, dachte ich an meine eigene Kindheit zurück. Zu Beginn eines neuen Schuljahres schlug mein Vater die neuen Bücher in Schutzpapier ein. Dadurch vermittelte er mir schon früh, wie man Bücher achtet. Auch ich ging früher sorgsam mit ihnen um, bis ich selbst begann, Bücher zu schreiben. Dass ein Traum zum Beruf wird, bedeutet manchmal auch, alte Ehrfurcht zu verlieren. Vielleicht aber auch, dass die Erinnerung an die eigenen Wurzeln mit der Zeit verblasst.

Am Nachmittag kamen die Pflanzen nacheinander mit dem Umzugslift in die neue Wohnung. Einer der Mitarbeiter schien verwundert.

»Mensch, da kommen ja immer noch Pflanzen nach.«

»Keine Panik, das schaffst du schon«, scherzte darauf sein Kollege.

»Stellen Sie die Töpfe einfach ins Wohnzimmer, ich räume sie dann später um«, sagte ich.

Trotzdem brachte der Mitarbeiter so gut es ging die meisten Töpfe in den Pflanzenregalen unter und machte erst dann Feierabend. Den Umzugstag beendeten wir, wie es sich gehört, mit Jajangmyeon, Nudeln mit Soße aus schwarzen Bohnen und Tangsuyuk, süßsaurem Schweinefleisch. Mein Mann und ich schworen uns, künftig nichts mehr zu kaufen. Wir meinten es wirklich ernst und wollten unnötigen Dingen in unserem Leben keinen Raum mehr geben.

Trotz der milden Temperaturen am Umzugstag gab es Pflanzen, die Blessuren davontrugen. Am schlimmsten hatte es die *Begonia exotica* erwischt. Allein für eine erste Runde Gießen der erschöpften Pflanzen brauchte ich zwei Tage. Bis der Elektroherd angeschlossen war und wir kochen konnten, verging eine Woche. Die Waschmaschine, für deren Einbau aufgrund der engen Platzverhältnisse zusätzliche Arbeiten nötig waren, ist bis heute nicht installiert.

So begann unser Leben im neuen Zuhause, doch immerhin trösteten mich die Geranien und die *Brunfelsia jasminoides* mit ihren Blüten.

Welche Zukunft wird uns diese neue Umgebung bringen? Dieser große Blumentopf namens Leben, den ich mir für mich und meine Pflanzen bereitet habe? Wenn ich darüber nachdenke, werde ich auf seltsame Weise sentimental und sehne mich nach Zeiten, die noch gar nicht begonnen haben. In *Die roten Früchte meines Gartens* sagt die Erzählerin über Menschen, die sich im leidenschaftlichen Missverstehen voneinander entfremdet haben: »Der Moment, in dem etwas vollendet ist, ist der Moment, in dem man es vollständig verliert, sogar den Verlust vollkommen vergisst und erst nach vielen Jahren, wenn man zufällig dessen Umrisse streift, wieder auf es stößt.«

Selbst wenn dieser traurige Satz wahr sein sollte, ist jetzt Frühling, der Frühling, auf den alles Lebendige gewartet hat. Wenn ich eines Tages diese Zeit vollständig begreifen werde, dann werden trotz all der Irrtümer zumindest die Kraft dieses Frühlings und die Pflanzen klar und deutlich in Erinnerung bleiben.

Ein solcher Baum bin ich geworden

Wegen der ungewöhnlich milden Witterung blühten die Kirschbäume früh und sind ebenso früh wieder verblüht. Jetzt beginnt die Zeit der Azaleen. Ihre kräftigen Farben erinnern an kunstvoll gefaltetes, buntes Origamipapier, und ihre Blüten leuchten hell in den Parks und Wohnanlagen. Als wir die neue Wohnung zum ersten Mal besichtigten, ich aber wegen der niedrigen Etage zögerte, versuchte der Makler mich damit zu überzeugen, dass die Bäume vor dem Fenster im Frühling unbeschreiblich grün würden.

»Warten Sie nur den Frühling ab, das ist wirklich unbeschreiblich!«

Kaum war der März verstrichen, trieben die Bäume tatsächlich aus, und ehe wir uns versahen, hatten sie ein kleines Wäldchen gebildet. Allein der Anblick dieser Bäume wirkt tröstlich, als versicherten sie uns: »Das wird schon.«

Der erste Baum, der mir im Frühling ins Auge fiel, war die Weide. Ihr Stamm ist so dick, dass zwei Erwachsene die Arme ausbreiten müssten, um sie zu umfassen. Sie ragt bis zum vierten Stockwerk. Vor dem Gebäude liegt ein kleiner Park, der erst vor einigen Jahren angelegt wurde, und doch überstrahlt die Weide alle anderen Bäume dort bei Weitem. Sie besitzt die mächtige, eindrucksvolle Aura eines Baumes, der viele Jahre an ein und demselben Ort standgehalten hat. Der Weg durch den Park endet an der Weide, verläuft dann dahinter weiter, fast so, als hätte man den Weg so geführt, weil man den Baum nicht fällen wollte. Da Bäume sich nicht bewegen, sind vielleicht gerade sie die wahren Statthalter eines Ortes.

Als Kind stand ich gerne auf dem Balkon und schaute auf die Bäume hinunter. Nach meinem zehnten Geburtstag zogen wir von unserem kleinen Haus in eine Wohnung, dort lebte ich bis zum Beginn meines Studiums mit meinen Eltern. In dieser Zeit wuchsen die Bäume der Wohnanlage so sehr in die Höhe, dass sie sich von unserem fünften Stock aus fast zum Greifen nah anfühlten. In diesen Bäumen sind viele Momente meiner Kindheit eingeschrieben. Zum Beispiel die Sache mit den Küken. Heutzutage ist das unvorstellbar, damals aber wurden vor dem Schultor Küken verkauft. An diesen gelben, flauschigen Tierchen einfach vorbeizugehen war schwer. Kinder brauchen solche kleinen Gefährten.

Damals liebte ich Tiere über alles. Ich war kein Kind, das sich leicht von etwas abbringen ließ, und wenn ich eines mit nach Hause brachte, halfen meine Eltern bei der Pflege. Also wohnten wir oft mit einem Küken zusammen. Doch viele blieben nicht lang. Wenn sie starben, weinte ich hemmungslos und begrub sie unter den Bäumen der Wohnanlage. Auch das wäre heute wohl nicht mehr möglich.

In letzter Zeit denke ich oft an meine Kindheit und träume sogar davon. Als ich einer Freundin erzählte, wie lebendig mir diese Jahre plötzlich erschienen, sagte sie, mit zunehmendem Alter nähere sich der Mensch wieder den ursprünglichsten, prägendsten Erfahrungen seines Lebens an, dafür gebe es auch wissenschaftliche Belege. Vielleicht ist das wirklich so. Aber bin ich schon in einem Alter, solche Veränderungen an mir zu bemerken? Oder gibt es andere Gründe? Vielleicht lag es an der Gegend, in die wir gezogen waren. Sie ähnelte sehr der meiner Kindheit. Die meisten Gebäude in der Umgebung waren nämlich Wohnanlagen aus den 1990er-Jahren. Auch wenn sie typische Merkmale dieser Zeit aufwiesen und deswegen architektonisch einen gewissen Wert besaßen, waren sie für mich vor allem massige, schmucklose Betonbauten, um die herum große, stattliche Bäume gepflanzt wurden. Auch in unserem neuen Viertel waren solche alten, ehrwürdigen Bäume allgegenwärtig.

Vor unserem Wohnblock steht ein sogenannter Etagenbaum, dessen Äste bis an die Wohnzimmerfenster reichen. Er heißt so, weil er seine Äste »etagenweise« ansetzt. In diesem Sinn passt er erstaunlich gut zu einem viele Stockwerke hohen Wohnblock. So hat er vor unseren Augen kahl den Winter überstanden, dann Knospen gebildet und nun weiße Blüten und Blätter hervorgebracht. Der Baum streckte seine Äste gerade so weit aus, dass sie mir immer wieder in den Blick kamen. Wenn ich am Fenster stand und hinabsah, wurde mir beim Anblick der im Wind wogenden Blätterwellen jedes Mal angenehm schwindlig.

Beim Gärtnern auf dem Balkon bin ich immer wieder aufs Neue erstaunt, wie sehr Zimmer- und Freilandpflanzen miteinander verbunden sind. Oft empfinde ich deswegen fast ein schlechtes Gewissen gegenüber den Zimmerpflanzen. Nur eine Glasscheibe trennt sie von den Balkonpflanzen, trotzdem sind ihre Lebensbedingungen völlig unterschiedlich. Was elementare Faktoren wie Licht, Luft und Wasser angeht, herrschen in der Wohnung deutlich schwierigere Verhältnisse.

Die einzige Pflanze in unserem Zuhause, die wirklich ein Leben im Freien genossen hat, ist der Purpurhauch. Er hat den vergangenen Winter auf dem Balkon der alten Wohnung verbracht. Als sämtliche Blätter abgefallen waren und nur noch die kahlen Zweige übrig blieben, befürchtete ich, er sei erfroren. Doch als der Frühling kam, erwachte er wieder zum Leben. Er hatte der Kälte getrotzt und Kraft gesammelt, um den Frühling gesund zu überstehen und sich für den Sommer vorzubereiten. So wie Menschen in schwierigen Zeiten über sich hinauswachsen und stärker werden können.

Neulich unterhielt ich mich mit einer älteren und einer jüngeren Autorin, es ging um schmerzliche Erinnerungen, die Kinder in der Schule machen. Die jüngere Kollegin hat ein Kind im Kindergartenalter, die ältere hat erwachsene Kinder, die bereits ausgezogen waren. Dabei musste ich an ein Erlebnis aus meiner Schulzeit denken, und begann, davon zu erzählen. Es war eine etwas ungewöhnliche Ge-

schichte, es ging um eine Statue des Admirals Yi Sun-shin, ein koreanischer Nationalheld, der im 16. Jahrhundert mehrere Angriffe der japanischen Kriegsflotte erfolgreich abwehren konnte. Um auf dem Schulgelände eine Statue zu errichten, sammelten die Eltern der Klassensprecher Geld, doch meine Eltern konnten den geforderten Betrag nicht aufbringen. Deswegen kamen einige Eltern aus der Schule in den Supermarkt, in dem meine Mutter arbeitete, um sie zur Zahlung des Geldes zu drängen. Später wurde mir beim Schultheater eine Rolle entzogen, die ich hätte übernehmen sollen. Bis heute ist meine Mutter tief gekränkt, weil sie glaubt, es sei allein deshalb passiert, weil sie das Geld damals nicht zahlen konnte. Da ich diese Geschichte noch nie zuvor erzählt hatte, überkam mich zu Hause ein seltsames Gefühl. Einerseits spürte ich eine gewisse Erleichterung, andererseits war ich bedrückt. Als ob mein Herz gleichzeitig schwer, aber auch leicht war. Wahrscheinlich lag es daran, dass mir diese schmerzliche Erinnerung zum ersten Mal bewusst geworden war.

Am nächsten Tag spazierte ich durch die benachbarten Wohnanlagen, die ich bisher immer nur von Weitem gesehen hatte. In manchen Anlagen stutzte man die Bäume rigoros bis zur Höhe des ersten Stockwerks zurück, in anderen wiederum überhaupt nicht. Ich musste lächeln, denn auch an Bäumen, deren Äste fast vollständig zurückgeschnitten wurden, sprossen neue Blätter. Diese unbändige Lebenskraft erfüllte mich mit Trost und Freude. Gleich nebenan, in der nächsten Häuserreihe, hatte man die Bäume unberührt gelassen. Die Hausverwaltung würde kaum so selektiv arbeiten, vermutlich war es also die Entscheidung der Wohnungseigentümer. Vielleicht hatten sie ganz praktische Gründe, bildeten die Bäume doch einen Sichtschutz für die Wohnungen. Oder – etwas romantischer gedacht –, sie liebten ihre Bäume einfach. Wer mochte dort wohl leben?

Auf dem Rückweg kam ich durch eine andere Wohnanlage, sie lag wie das Viertel meiner Kindheit auf einer Anhöhe. Als ich außer Atem die Kuppe erreichte und um die Ecke bog, entfuhr mir ein leises »Oh!«. Jenseits der Mauer einer Grundschule ergossen sich die Blüten eines Blauregens in üppiger Fülle und ließen den Frühling leuchten.

Besonders berührt hatte mich an jenem Tag ein Satz meiner älteren Kollegin, sie sagte: »Kinder haben ihre ganz eigene Kraft.« Erwachsene sollten deswegen nicht immer verzweifelt versuchen, ihnen jede Schwierigkeit zu ersparen, sondern den Kindern ruhig etwas zutrauen.

Vielleicht war das der Grund, warum ich mich an jenem Tag geöffnet und von meiner schmerzlichen Erinnerung erzählt hatte. Weil ich spürte, dass ich verstanden würde. So wie die Bäume, auf die ich früher vom Balkon hinabblicken konnte. Es war, als fingen sie mich auf, wie eine Zuwendung, die ohne Worte auskam. Die Bäume, mit denen ich jede Jahreszeit bis zu meinem zwanzigsten Lebensjahr gemeinsam durchlebt hatte, gibt es heute nicht mehr. Nicht weil ich umgezogen bin, sondern weil das Viertel abgerissen und durch Neubauten ersetzt wurde. Manchmal frage ich mich, was aus den Bäumen geworden sein mag.

Der Purpurhauch auf meinem Balkon wird vielleicht nie wieder einen harten Winter erleben. Zumindest nicht, bevor wir in ein Haus mit Garten ziehen. Doch selbst dann wünsche ich mir, dass er die Erinnerung an die kalte Nachtluft, an das stille Erstarren in der dunklen Jahreszeit und an die leuchtende Lebenskraft des wiederkehrenden Frühlings tief in sich bewahrt, als Quelle seiner Energie. Ich glaube, das ist möglich. Jeder trägt seine eigene Kraft in sich. In diesem Frühling bin ich ein Mensch geworden, für den diese Tatsache selbstverständlich ist.

So nah wie möglich am japanischen Liguster

Ich bekam eine heftige Magenverstimmung. Wahrscheinlich hatte ich etwas Falsches gegessen. Am Wochenende stand viel Arbeit an, außerdem eine Familienfeier, doch ich konnte weder arbeiten noch irgendwo hinfahren. Wer lange unter Magenproblemen gelitten hat, erkennt die Vorzeichen einer sich ankündigenden Gastritis sofort. Ich nahm meine üblichen Medikamente, hielt mich warm und begann, sofort zu fasten – alles vergeblich. Ich konnte nur zusehen, wie Krämpfe und Schmerzen meinen Körper nach und nach einnahmen.

Wenn der Körper leidet, schlägt sich das auch auf die Psyche nieder, man gerät unweigerlich in eine negative Gedankenspirale. So war es auch diesmal. Ich tadelte mich selbst. Warum esse ich immer wieder fettiges, scharfes Essen, obwohl ich weiß, dass ich es nicht vertrage? Ich hatte so viel zu erledigen, aber wenn der Körper nicht mitspielt, bricht der ganze Zeitplan zusammen. Warum gab ich nicht besser auf meine physische Verfassung acht? Als mir bewusst wurde, dass ich dabei war, mich selbst zu verurteilen, hielt ich inne. Über Jahre hatte ich gelernt, solche inneren Stimmen zum Schweigen zu bringen.

Während die Zeit verstrich, hatte der Wonnemonat Mai Einzug gehalten. Im Park, den ich vor meiner Erkrankung besucht hatte, trugen die Bäume schon üppiges Laub. Blütenstaub tanzte im Licht des frühen Nachmittags, die Bäume am Wasser neigten sich so weit vor, dass ihre Zweige die Oberfläche fast berührten. Für mich war dieser einsame Spaziergang traumhaft schön gewesen. Welche Kraft bringt diese sich immer wieder erneuernde Schönheit hervor? Ich habe lange Zeit keiner Religion angehört, bin aber inzwischen getauft. Trotzdem finde ich keine Antwort auf die Frage, wie so etwas Wunderbares ohne einen Schöpfer überhaupt möglich sein soll.

Unser Drachenbaum *Surculosa* folgt seit dem letzten Monat seinem eigenen Plan: Er will höher hinaus. Sein bambusähnlicher Stamm streckte sich vom Frühjahr an immer weiter, bis er schließlich fast die Decke erreichte. Drei Jahre lang hatte er seine Höhe gehalten, deshalb wirkte die Veränderung umso frappierender.

»Schaut euch an, wie er plötzlich in die Höhe geschossen ist«, sagte ich klagend, wenn Familienmitglieder zu Besuch kamen. Insgeheim wollte ich jedoch Reaktionen hören wie: »Mensch, der ist aber groß geworden!« Während meiner Gastritis war die Pflanze so hoch gewachsen, wie sie sich selbst vorgenommen hatte, hielt dann aber inne und begann, das Austreiben neuer Blätter vorzubereiten. Wenn ich mich neben sie stellte, ragte sie etwas über meine Körpergröße hinaus. Sie hatte also ungefähr eine Höhe von einem Meter siebzig erreicht. Drei Jahre lang hatte sie Kraft gesammelt, um sich im richtigen Moment so hoch wie möglich emporzustrecken.

Pflanzen zögern nie. Sie fassen einen Entschluss und setzen ihn um – ganz konsequent, bis sie ihr Ziel erreicht haben. Als ich meinen Drachenbaum ehrfürchtig betrachtete, wurde mir bewusst, dass er in diesem Jahr keine Blüten trug. Er blüht in Formen, die man kaum beschreiben kann: Weiß, zart, geometrisch, wie eine Krone oder ein Planet aus einem anderen Universum. Vielleicht hatte er sich dazu entschieden, diesen Frühling nicht durch Blüten, sondern durch einen Wachstumsschub zu feiern, also nicht durch Pracht, sondern durch Höhe.

Am Tag, als ich endlich wieder essen konnte, blickte ich aus dem Fenster. Der Liguster blühte. Seine weißen Blütenblätter lagen dicht wie Reiskörner auf den Zweigen. Vielleicht ist das Schönste am Wohnen im Erdgeschoss, dass man die Bäume und Sträucher so nah erleben kann. Ich erinnerte mich, wie ich im letzten Jahr zur selben Zeit an einem Manuskript gearbeitet hatte, während draußen ein Baum im Wind wogte. Auch damals konnte ich wegen einer Gastritis drei Tage lang kaum etwas essen. Solche kurzen Krankheitsphasen sind wohl ganz normal im Leben eines Menschen. Doch für mich fühlen sie sich nie beiläufig an. Vielleicht liegt das an der Struktur meiner Persönlichkeit. Nach langer Therapie weiß ich, dass sich das Wesen der Psyche nicht ändert. Die Angst bleibt als solche bestehen, und auch der Impuls zur Selbstkritik und die Furcht bleiben, wie sie sind. Aber es ist ein Unterschied, ob solche Gefühle wellenartig in uns aufsteigen oder ob wir kopfüber in sie stürzen und in ihnen unterzugehen drohen. Natürlich haben negative Emotionen die Macht, uns zu lähmen. Wahr ist aber auch, dass die innere Kraft, sich aus diesem Zustand zu befreien, mit jeder durchgestandenen Krise wächst. Für mich ist einer der Wege dorthin, der Natur so nah wie möglich zu sein. Pflanzen kennen keinen Selbsthass, keinen Groll. Unser Inneres, so denke ich, gleicht in Wahrheit eher einer Pflanze als diesem negativen Zustand, der uns manchmal einengt. Vielleicht bin ich deshalb jetzt krank, um mir genau das wieder ins Gedächtnis zu rufen.

Auch morgen ruhig und gelassen

Ich liebe Eukalyptus. Als zur Kräuterfamilie gehörende Pflanze besitzt er eine stark desinfizierende Wirkung und wurde schon im alten Ägypten als Räucherwerk verwendet, außerdem duftet er wunderbar. Schon das griechische Wort »Eukalyptus – ευκάλυπτος« bedeutet »schön verhüllt« und verweist auf die edle, zarte Schönheit seiner üppigen grünen Blätter. Ironischerweise ist der Eukalyptus aber auch die Pflanze, die ich besonders oft habe eingehen lassen. Zu häufiges Gießen mag er nicht, auch keine längere Trockenheit. Eigentlich müsste ich längst aufgegeben haben, aber ich mag seinen leicht ätherischen, bläulich-grünen Anblick, also kaufe ich immer wieder ein neues Exemplar.

Der *Eucalyptus polyanthemos*, den wir jetzt zu Hause haben, stammt aus einer auf Eukalyptus spezialisierten Gärtnerei. Da die Pflanze in Australien beheimatet ist, benötigt sie eine trockene Umgebung und intensive Sonneneinstrahlung. In der Gärtnerei standen die Töpfe auf einem Dach aus Eisenplatten. Im Freien heranwachsende Pflanzen hätten kräftige Stämme und dicke Blätter, sagte man mir. Und tatsächlich hatte unser Eukalyptus den Winter gut überstanden. Doch irgendwann begannen einzelne Blätter zu vertrocknen. Vor Kurzem entdeckte ich dann, dass sie hart geworden waren, von weißem Schimmel überzogen. Vielleicht ließ er sich trotzdem noch retten? Eine der Erkenntnisse, die man im Laufe vieler gescheiterter Pflanzenversuche gewinnt, ist eine Art Mischung aus Resignation und stillem Optimismus – der Glaube, dass morgen vielleicht alles besser wird. Pflanzen haben ihre eigene Kraft, sie scheinen tot, leben dann aber plötzlich wieder auf. Oder sie blühen prächtig, um kurz darauf einzugehen. Das soll kein Plädoyer für Gleichgültigkeit sein, es bedeutet vielmehr, dass ein Leben auf dem Balkon genau aus diesem steten Auf und Ab besteht.

Ich zupfte sämtliche Blätter des Eukalyptus ab. Jedes trockene Knistern war wie ein Stich in meinem Herzen. Dann wischte ich die kahlen Zweige mit einer Mischung aus Wasser und Mayonnaise ab und streute vorsorglich Fungizid auf die Erde. Ohne ein einziges Blatt sah der Eukalyptus völlig kahl aus, nahezu tot. Eine solche Pflanze zu betrachten fühlt sich an, als stünde man vor einer plötzlich verschlossenen Tür. Ganz gleich, wie sehr man daran rüttelt, wenn die Pflanze sie nicht von selbst öffnet, gibt es für sie kein Weiterleben. Doch etwa zwei Wochen später begann der Eukalyptus auf wundersame Weise winzige Blätter zu treiben.

In letzter Zeit ringe ich gewissermaßen mit mir selbst, besonders mit meinem Arbeitseifer. Wenn ich nicht arbeite, werde ich unruhig. Außerdem setze ich mir ständig unrealistische Ziele und treibe mich zum Äußersten, um sie zu erreichen. Aber mittlerweile versuche ich, diese negativen

Gewohnheiten abzulegen. Einmal sagte eine jüngere Kollegin zu mir, es gebe dieses Jahr wohl keinen Menschen auf der Welt, der mehr als ich geschrieben habe. Damals fand ich das witzig, aber je länger ich darüber nachdachte, desto weniger schien es mir wie etwas, das man einfach weglachen sollte.

Also habe ich damit begonnen, meine Arbeit zu reduzieren. Das Problem ist jedoch, dass ich nun ständig davon rede. Bei jedem Treffen mit Freunden betone ich, nun unbedingt weniger arbeiten zu wollen. Eines Tages sagte eine Freundin zu mir:

»Du hast ja noch nicht einmal angefangen, etwas kürzerzutreten.«

Und sie hatte recht – einen völlig freien Tag hatte ich mir bisher kaum gegönnt. Warum verkünde ich dann trotzdem immer wieder, dass ich mich nun öfter ausruhe? Wahrscheinlich sei ich einfach verunsichert darüber, weniger zu arbeiten, meinte meine Freundin.

»Du musst dich so lange ausruhen«, sagte sie, »bis es dir gar nicht mehr bewusst ist, eine Pause zu machen.«

Das Schönste an dieser Veränderung ist, dass ich wieder mehr Zeit zum Lesen habe. Womöglich weil ich älter werde oder auch ungeduldiger geworden bin, lese ich oft mehrere Bücher gleichzeitig: Romane, Bücher über Psychoanalyse und natürlich über Pflanzen. Aber eines bleibt konstant: Wo ich lese, sind immer Pflanzen in meiner Nähe. Wenn ich im Wohnzimmer sitze, berühre ich oft unbewusst die Blätter meiner *Brunfelsia jasminoides* beim Lesen. Das Rascheln der Seiten, die Haptik des Papiers – es gibt viele Gründe, warum ich mich mit E-Books nicht anfreunden kann, aber vor allem liegt es am Gefühl beim Umblättern der Seiten. Diese dünne, faserige Textur des Papiers kann kein Bildschirm nachahmen. Die Pflanzenblätter, die ich zwischendurch berühre, fühlen sich weich und feucht an, voller lebendiger Energie. In diesem Moment halte ich beides in den Händen. Etwas, das *einmal* Pflanze war, und etwas, das *noch immer* Pflanze ist. Die Möglichkeit, beides zu berühren, ist für mich der wahre Luxus des Lesens.

Momentan lese ich das Buch *Vom Wachsen und Werden* von Sue Stuart-Smith. Es handelt sich um eine Sammlung von Essays über die heilende Wirkung des Gärtnerns. Die Autorin ist Psychologin und liebt die Lyrik der englischen Romantik. Sie beschreibt, was die Pflanzenpflege in einem Menschen emotional auslösen und bewirken kann. Bei der Lektüre habe ich viele interessante Erkenntnisse gewonnen.

So schreibt die Autorin, dass Pflanzen für Menschen, die in ihrer Kindheit keine ausreichende Zuwendung und Fürsorge erfahren haben, ein Weg sein können, Fürsorge überhaupt erst zu erlernen. Nicht etwa, weil man Pflanzen Fürsorge schenken kann, sondern weil Pflanzen nicht schnell reagieren, zumindest nicht auf eine Weise, die wir unmittelbar wahrnehmen. Sie ducken sich nicht weg, lachen nicht und zeigen keinen Schmerz. Wer in jungen Jahren keine stabilen Beziehungen aufbauen konnte, kann gegenüber einem schwächeren Menschen unter Umständen aggressiv auftreten. Pflanzen jedoch bieten dem Menschen keine Möglichkeit, solch ein destruktives Verhalten auszuleben. So können Menschen auf sichere Weise ihre Wut, Trauer und Frustration kompensieren oder kreativ ausdrücken. In der Gartenarbeit, etwa beim Umgraben, Beschneiden oder Jäten, verwirklichen wir eine Form der Fürsorge, die durch kreative Zerstörung Wachstum fördert.

Die Autorin hebt außerdem die Bedeutung des Gärtnerns für Strafgefangene hervor und weist darauf hin, dass die Tageslichtdosis, die Menschen in Großstädten erhalten, kaum größer sei als die von Gefängnisinsassen. Wir alle seien, so schreibt sie, Gefangene einer riesigen Stadt. Daher sollten wir uns ganz bewusst Gelegenheiten schaffen, um kreative Zerstörung, Fürsorge und Wachstum zu erleben, damit wir wieder in ein emotionales Gleichgewicht kommen. Diesem Gedanken konnte ich beim Lesen voll zustimmen. Einmal erzählte mir eine Freundin, ihr Kind wolle ständig Blumen abreißen. Sie schimpfe jedes Mal, aber das Kind reiße trotzdem wieder Blätter oder Blüten ab. Ich riet ihr, die Sache etwas lockerer zu betrachten.

»Wir schneiden ja im Garten schließlich auch absichtlich Zweige zurück. Für Pflanzen ist das etwas ganz Normales.«

Natürlich verdienen Pflanzen Schutz, aber auch das kindliche Bedürfnis, sie zu berühren, an ihnen zu zupfen, mit ihnen zu spielen, ist wichtig. In der Stadt sind Pflanzen meist bloße Dekoration, aber das ist nicht ihre wahre Natur. Sie sind zum Berühren, Riechen und Essen da. Wenn wir jedes Mal Schmerz für sie empfänden, würden wir das Gärtnern

und die Pflanzenpflege aus einer verzerrten Perspektive betrachten. Wenn Blätter fallen, Äste abbrechen oder Blumen welken, dann sind das keine Tragödien, sondern natürliche Akte des Lebens, wenn wir es aus der Sicht der Pflanzen betrachten.

Mit meinen Pflanzen habe auch ich schon so manches Drama erlebt, doch eigentlich sind diese Gedanken nur vermenschlichte Ansichten und haben mit den Pflanzen selbst wenig zu tun. Und genau dieses Stoische, diese Unabhängigkeit der Pflanzen, begreife ich mit der Zeit immer besser. Trotzdem gibt es auch für mich noch viel zu lernen.

Am Wochenende fuhr ich mit meinem Mann nach langer Zeit wieder einmal nach Gapyeong. Obwohl es gar nicht weit von Seoul entfernt ist, entfaltet sich dort eine unberührte, friedliche Natur. Wir besuchten einen botanischen Garten und saßen anschließend lange am Ufer eines Baches in der Nähe unserer Unterkunft. Plötzlich kam mir ein Gedanke und ich wandte mich meinem Mann zu.

»Weißt du, ich möchte aufhören, ständig über mein Gefühlsleben und mein Inneres nachzudenken.«

»Warum?«, fragte er.

Das wusste ich nicht genau. Die menschliche Psyche, das Innere, waren für mich immer ein zentrales Thema gewesen, sogar im Titel eines meiner Romane. Außerdem hatte ich mich jahrelang einer Psychotherapie unterzogen. Irgendetwas an meinem Satz schien mir unvollständig, also korrigierte ich mich.

»Nein, ich meine, ich will aufhören, darüber zu *reden*.«

Nun erst begriff ich, dass diese Veränderung, die sich in dieser Jahreszeit bei mir bemerkbar gemacht hatte, sich durch meine Äußerung viel genauer ausdrücken ließ. Es bedeutete nicht, dass mir mein Inneres, meine Psyche unwichtig geworden waren – im Gegenteil. Ich wollte stark genug sein, um wirklich in mich hineinzublicken. Ich wollte mein Leben aus der bedrückenden Enge von Wunden und Traumata befreien, es zurück in die Welt, ins Licht holen. Ich wünschte mir, mein Leben und mein Inneres ohne Schmerz betrachten zu können, zumindest ab und zu. Doch darüber sprach ich nicht weiter, stattdessen wechselte unser Gespräch zu den Erinnerungen an Familienausflüge aus der Kindheit. Mein Mann sagte, dass ihn das Sitzen am Bach an frühere Ausflüge mit Familie und Verwandten erinnere. Dabei hätten sich die Erwachsenen kaum um die Kinder gekümmert, sondern sie einfach ans Ufer, in die pralle Sonne, gesetzt und sich selbst überlassen. Ich stimmte ihm zu, solche Ausflüge mussten für ein Kind wohl eher anstrengend gewesen sein, vielleicht sogar fast wie eine Strafe. Doch gleichzeitig wurde mir dabei seltsam schwer ums Herz. Denn ich selbst hatte kaum Erinnerungen an solche Familienausflüge. Wie so oft wollte ich über das sprechen, was mir fehlte, über diese Leerstelle in meinem Leben. Doch ich hielt inne und fragte stattdessen:

»Schau mal, ist das dort ein Silberreiher?«

Oberhalb des Flusslaufes stand ein Vogel unbeweglich wie ein Stillleben und sah zu uns herüber.

»Oder ein Graureiher?«

Am gegenüberliegenden Hang wuchsen Bäume empor, sich an den steilen Anhang klammernd. Dahinter ein Wald so dicht, dass man die einzelnen Bäume kaum zählen konnte.

Ich schwieg. Mein Blick richtete sich nur auf die Bäume. Inmitten dieser Stille spürte ich, wie eine neue Hoffnung in mir zu keimen begann.

ANHANG

Pflanzen

Pink Ghost

Ein Kaktus, dessen weißer Körper wie in sanftes Pastell getaucht ist. Sieht man ihn direkt vor sich, kann man sich seinem objektartigen Charme kaum entziehen. Ganz so, als stünde man einer kleinen Marmorskulptur gegenüber. Doch wie bei vielen Kakteen kann Fäulnis auftreten, man muss also beim Gießen vorsichtig sein. Bei Lichtmangel können seine auffälligen Muster ausbleichen. Dann könnten wir traurig werden wie Cinderella, die nach Mitternacht alles verliert. Die Muster der Pflanzen führen uns vor Augen, wie wichtig Sonnenlicht für alles Lebendige ist. Darum gehört der *Pink Ghost* ans Fenster. Und auch wir selbst sollten jeden Tag wenigstens einmal hinaus auf die Straße oder in den Park gehen und das Tageslicht genießen.

Sansevieria

Die Blätter dieser Pflanze erinnern bei kleinen Exemplaren an Dolche, bei großen an scharfe Schwerter. Wegen dieser spitzen Blätter nennt man sie umgangssprachlich auch »Schwiegermutterzunge«. Seit meiner Kindheit stand ein Exemplar dieser Pflanze bei uns zu Hause, deswegen weiß ich, dass sie mühelos mehrere Jahrzehnte überdauern kann. Für mich ist die Sansevieria wie eine Königin, die ihre Umgebung beherrscht, eine Art Spezialeinheit für Luftreinigung, die mit ihren dicht aufragenden Trieben unermüdlich Sauerstoff verströmt. Viel Pflege benötigt sie nicht, trotzdem sollte man vorsichtig sein, denn für Tiere kann das Knabbern daran giftig sein.

Farne

Farne halten die Erinnerung an uralte Zeiten wach. Sie existieren seit dem Erdaltertum, rund zehntausend Arten begleiten uns bis heute – wie könnte man sich da nicht wenigstens eines dieser Fragmente der Urzeit nach Hause holen? Der faszinierendste Moment beim Ziehen eines Farns ist der Augenblick, wenn sich eine junge Triebspitze, eingerollt wie eine kleine Faust, aus der feuchten Erde schiebt. Wer das einmal miterlebt hat, verliebt sich in dieses kleine Wunder. Der *Tüpfelfarn* bildet kräftige, rundliche Blätter, die sich anfühlen, als streiche man über das Unterholz eines Urwaldes. Der Frauenhaarfarn wirkt mit seinen zarten, fast tanzenden Blättern geradezu traumhaft. Doch Farne sind nicht leicht zu pflegen, sie benötigen viel Wasser und, obwohl sie Schattenpflanzen sind, ausreichend Licht.

Brunfelsia

Diese Pflanze entdeckte ich zum ersten Mal auf einem Markt im Nachbarviertel. Ich verliebte mich sofort in sie. Sie war so groß, dass ich sie kaum allein tragen konnte, also verstaute ich sie in meinem Einkaufstrolley und zog sie mühsam nach Hause. Sie ist im wahrsten Sinne des Wortes ein Frühlingsbote. Im April bildet sie violette Blüten, deren intensiver Duft den Moment des Aufblühens eher mit der Nase als mit den Augen spürbar macht. Ihre Blüten sind vom ersten Aufgehen bis zum Verblühen einfach bezaubernd. Die violetten Blütenblätter bleichen nach und nach aus, bis sie schließlich weiß werden. Fast könnte man meinen, violetter Staub verstreue sich in der Luft und hinterlasse seine Spuren überall in der Wohnung. Allerdings braucht diese Pflanze häufig Wasser. Ist es ihr zu trocken, hängt der ganze Trieb schlapp herunter, und man muss rasch handeln. Die Brunfelsia hält mich als Pflanzenhüterin auf Trab.

Gummibaumarten

In unserer Wohnung leben drei verschiedene Gummibäume unterschiedlicher Größe. Der *Ficus benghalensis* steht neben dem Schreibtisch und wacht über meine Abgabefristen. Der *Ficus elastica ›Melany‹* wohnt am Fenster, seit drei Jahren hat er gerade einmal zwanzig Blätter bekommen. Obwohl er laut Pflanzenlexikon kräftig wachsen soll, nimmt er sich bei mir Zeit. Unser Exemplar scheint lieber in Ruhe Luft und Wasser zu genießen, ein wahrer »Pflanzenflaneur«. Von einer Freundin bekam ich einen *Geigenfeigenbaum* geschenkt. Seine geschwungenen, kräftigen Blätter haben mich sofort verzaubert. Auf den jungen Blättern sind manchmal rote Flecken zu sehen, was aber kein Grund zur Sorge ist. Sie verschwinden, sobald die Pflanze »erwachsen« wird.

Monstera deliciosa

Die Monstera ist die ikonische Zimmerpflanze überhaupt. Es gibt viele Arten, und sie wächst oft erstaunlich schnell. Unsere *Monstera deliciosa* trieb so unaufhörlich Ranken, dass ich schließlich zur Schere greifen musste. Seitdem bildet sie keine schön geschlitzten Blätter mehr. Nur stabile und reife Pflanzen erzeugen solche Formen – wer ähnliche Sorgen hat, sollte Geduld haben. Als ich meine Leidenschaft für Pflanzen entdeckte, war ich fasziniert vom kräftigen, exotischen und beinahe unverwüstlichen Wesen der Monstera. Bald kam auch eine *Monstera adansonii* hinzu. Pflanzenanfängern kann ich sie sehr empfehlen, vorher sollte man jedoch ausreichend Platz einplanen.

Philodendron Florida Ghost

Ich war lange von seinen gelben Neutrieben fasziniert, bis ich ihn schließlich kaufte. Nun, drei Jahre später, schaue ich mit einer Mischung aus Staunen und Sorge auf ihn. Seine Blätter streckt er wie Arme weit in die Luft, klettert unaufhörlich und hat trotz einmaligen Zurückschneidens eindrucksvoll an Höhe und Breite gewonnen. Über einen Meter hoch, erinnert er mich manchmal an ein Insekt: lange rote Blattstiele mit feinen Härchen, klebrige Tropfen wie Honig, eine rosa Blattscheide, die sich immer zum Licht neigt, und sich entfaltende große Blätter, wie ausgebreitete Flügel. Beim Gießen entweicht mir jedes Mal ein erschrocken-glücklicher Seufzer. Meine größte Sorge ist zurzeit, genug Platz für diesen prächtigen »Philo« zu schaffen, damit er weiter unbeschwert wachsen kann.

Pachycereus

Es gibt viele schöne Kakteen auf der Welt, doch kaum einer ist so beeindruckend wie der *Pachycereus*. Sein silbrig-grüner Körper, seine dichten gelben Stacheln lassen unwillkürlich an einen Sternenhimmel in einer stillen Wüstennacht denken. Wir besitzen ein großes Exemplar, das man sonst wohl nur zu Geschäftseröffnungen schenkt. Obwohl er kaum Pflege braucht, verlangt er eine genaue Beobachtung. Sobald der

Körperumfang schrumpft, muss man gießen, ist er prall, darf kein Tropfen Wasser dazukommen. Geht so ein großer Kaktus ein, weiß man gar nicht recht, wohin mit ihm – ein seltsamer Gedanke. Besonders faszinierend war der Moment, als er sich am oberen Ende plötzlich öffnete und die Spitze in die Höhe schoss. Der perfekt zylindrische Körper wurde dadurch etwas aus dem Gleichgewicht gebracht. An jenem Tag hatte ich das Gefühl, als hätte dieser stille Begleiter zum ersten Mal zu mir gesprochen – eine ruhige, schlichte Begrüßung nach langem Schweigen.

Philodendron melanochrysum

Meine erste sogenannte Rarität. Mit seinen samtigen Blättern wirkt er wunderschön, doch bei uns sorgt er eher für Sorgenfalten. Nach über zwei Jahren wächst er noch immer spärlich, mit langen, dünnen Trieben. Ich habe ihn gedüngt, beschnitten, den Standort gewechselt, alles ohne großen Erfolg. Aber gerade dadurch habe ich eine besondere Beziehung zu ihm entwickelt. Ich probiere behutsam etwas aus, die Pflanze antwortet. Mal mit einem neuen Blatt, mal mit einer etwas größeren Blattfläche. Auch wenn sie nicht viele Signale aussendet, tröste ich mich mit dem Gedanken, dass mein Herz dafür umso aufrichtiger ist und dass ich mit dieser Pflanze im wahrsten Sinne ein seltenes und besonderes Gespräch führe.

Philodendron verrucosum – melanochrysum

Diese Kreuzung erfüllt mich als Pflanzenhüterin mit Stolz. Sie ist eine kräftige, unerschrockene Kletterpflanze. Ich vermehre sie durch Stecklinge. Jedes Mal denke ich dabei an jemanden, dem ich ein Exemplar schenken möchte. Wäre sie empfindlich, würde ich mich das nie trauen. Aber solange man sie regelmäßig gießt, mit einem Zerstäuber für etwas Feuchtigkeit sorgt oder ihr vielleicht sogar ein kleines Gewächshaus spendiert, dankt sie es mit samtigen, leuchtend grünen Blättern, die im Sonnenlicht schimmern. Wenn ich mir vorstelle, wie ihre Geschwister in den Wohnungen lieber Freunde weiterwachsen, empfinde ich das als schönste Form der Erfüllung, die Pflanzen schenken können.

Fischgrätenkaktus

Wie der Name vermuten lässt, wachsen seine Triebe in Form von Fischgräten. Im Gegensatz zu anderen Kakteen ist er allerdings stachellos, glatt und wirkt fast wie eine kräftige Blattpflanze. Mein Exemplar kam in einem Hängekorb in unsere Wohnung und war etwa so lang wie mein Arm. Er wuchs in rasantem Tempo und breitete schließlich beide »Arme« weit aus. Die neuen Triebe wachsen zwischen den geraden Hauptstängeln hervor. Schneidet man sie nicht rechtzeitig ab, um sie zu vermehren, wuchern sie, wie bei unserem Exemplar, in alle Richtungen. Obwohl er ein Kaktus ist, braucht er viel Wasser und muss im Winter unbedingt in die Wohnung. Letztes Jahr ließ ich ihn, im Vertrauen auf seine Robustheit, kurz auf dem Balkon stehen, dabei wäre er fast eingegangen. Nun steht er wieder auf der Fensterbank im Wohnzimmer und erholt sich im Sonnenlicht.

Euphorbia tirucalli

Eine Pflanze mit langen, bleistiftdünnen Trieben, die sich nach oben verzweigen. Umgangssprachlich wird sie »Bleistiftbaum« genannt. Ursprünglich stammt sie aus Afrika. Die geraden Stängel knicken in verschiedenen Winkeln ab, sodass man beim Pflegen das Gefühl hat, man forme ein eigenes kleines Kunstwerk, wie früher, als wir in unserer Kindheit mit Strohhalmen gebastelt haben. Meine Euphorbia hat inzwischen Dutzende von Gliedern gebildet und neigt sich elegant nach rechts, in Richtung Fenster, als wollte sie eine Tanzbewegung ausführen. Bekommt sie viel Sonne, färben sich ihre Spitzen rötlich. In unserer Wohnung jedoch genieße ich ihr zartes Hellgrün. Beim Schneiden oder Vermehren sollte man auf den milchigen Saft achten, der austreten kann, er ist giftig.

Eucalyptus polyanthemos

Manchmal habe ich das Gefühl, dass in manchen Dingen die ganze Welt enthalten ist, die ich ausdrücken möchte. Das trifft auch auf den Eukalyptus zu. Wäre ich ein Pflanzenblatt, wollte ich genau diese geschmeidige, leicht ölige Oberfläche besitzen, keine Ranken bilden und stattdessen jedes Blatt in dieser regelmäßigen, fächerartigen Form hervorbringen. Sein herber, leicht säuerlicher Duft ist unwiderstehlich. Wenn dazu ein Luftzug weht, verfällt man unweigerlich dem Rhythmus, mit dem die Blätter sich wie ein Mobile bewegen. Obwohl sie als Zimmerpflanze schwierig in der Pflege ist und ich oft an ihr gescheitert bin, steht auf meinem Balkon immer ein Eukalyptus. Für manche ist er bloß grünes Beiwerk für Blumensträuße und für Koalas eine leckere Hauptnahrung, für mich aber ist diese Pflanze eine Art Fixstern. Jedes Mal, wenn ich morgens die Balkontür öffne und den Eukalyptus sehe, möchte ich die Freude, Rührung und Bewunderung, die sein Anblick auslöst, in Worten festhalten. Mein Eukalyptus sorgt für solche Augenblicke der Hoffnung und Sehnsucht, sogar in dem Moment, in dem ich einfach nur den Wasserhahn aufdrehe.

Kamelie

Die Kamelie ist die wohl bekannteste Blume, die auch im Winter blüht. Nicht alles im Leben lässt sich erklären, doch manchmal frage ich mich, warum sie ausgerechnet den Winter zur Blütezeit wählt, wo es doch so viele angenehmere Jahreszeiten gibt. Dann erfuhr ich, dass die Kamelie eine »ornithophile« Blume ist, die durch Vögel bestäubt wird. Vielleicht ist der Winter deshalb ein strategisch kluger Zeitpunkt, denn wenn alles welkt, ist ihr reichlich vorhandener Nektar für Vögel eine willkommene Nahrungsquelle. Die Japanbrillenvögel zählen zu den Arten, die dank der Kamelien den Winter überstehen. Kamelien duften nicht, offenbar weil ihr Duft für Vögel keine Rolle spielt. Ich liebe diese Blume so sehr, dass ich bei jedem Besuch auf der Insel Jeju die für ihre Kamelien berühmten Gärten besuche. Auch auf meinem Balkon wächst ein Exemplar. Beim Pflegen habe ich gelernt, dass nicht nur die runde Blütenform und die in Ziegelmuster geordneten Blütenblätter schön sind, sondern auch die neuen Blätter. Die reifen Blätter sind sattgrün, die jungen hingegen frisch hellgrün wie essbare Dekorblätter auf einem Kuchen. Die Kamelie, die ich früher nur als edel und schlicht empfand, erweist sich als raffiniert, vielfältig und zu jeder Jahreszeit auf ihre Weise prachtvoll. Sie ist eine Blume, die man einfach lieben muss.

Chinesischer Schneeflockenstrauch

Früher ließ ich mich häufig allein vom Namen einer Pflanze dazu verleiten, sie besitzen zu wollen. So kam auch der Schneeflockenstrauch zu uns. Damals machte ich mir kaum Gedanken darüber, ob eine Pflanze zu uns passt, ich lud sie aus purer Neugier und Sehnsucht auf den Balkon ein. Worin unterscheidet sich eigentlich Zuneigung von Freundlichkeit? Wenn Freundlichkeit bedeutet, sich zu verbeugen und zu grüßen, besteht Zuneigung vielleicht darin, den Kopf leicht zu neigen und ihn sanft an die Schulter des anderen zu lehnen. Und tatsächlich sitzen die Blätter und Blüten des Schneeflockenstrauches eng nebeneinander an den Zweigspitzen, als wollten sie sich so nahe wie möglich sein. Die Blätter sind rund, im Mai bilden sich kleine weiße Blüten, die angeblich an Pflaumenblüten erinnern. Ich schreibe »angeblich«, weil unser junger Baum erst winzige Blüten trägt, die eher an Flaum erinnern. Sie sind zu klein, um sie wirklich vergleichen zu können. Doch gerade diese schlichte, bescheidene Erscheinung passt umso besser zu seinem sanften Namen.

Klee

Ich weiß nicht mehr genau, wie diese Pflanze zu uns kam. Manchmal siedeln sich Pflanzen auf rätselhafte Weise in unseren Töpfen an und der Sauerklee war sicherlich eine davon. Zunächst hielt ich ihn für Glücksklee und postete ein Foto, bis mir jemand freundlich erklärte, dass es sich um *Oxalis* handle, auch »Katzenkraut« genannt, weil Katzen es angeblich fressen, wenn sie Verdauungsprobleme haben. Ob das stimmt, weiß ich nicht, aber als Heilpflanze wurde er seit jeher genutzt, da er viel Vitamin C und entzündungshemmende Stoffe enthält. Auf meinem Balkon wächst er überall zu Füßen der Pflanzen. Manche nennen ihn Unkraut, das man ausrupfen sollte, doch meiner Erfahrung nach erholen sich viele geschwächte Pflanzen umso schneller, wenn dieser kleine Begleiter neben ihnen wächst, also lasse ich ihn in Frieden. Erstaunlich ist, dass er nicht in Innenräumen gedeiht. Mehrfach habe ich versucht, ihn umzutopfen, jedes Mal ohne Erfolg. Der Sauerklee, der sich selbst ausgesät hatte, lebt ausschließlich auf dem Balkon, er öffnet und schließt seine Blätter je nach Licht wie ein neugieriges Kätzchen, das mit dem Schwanz spielt und die Außenwelt beobachtet.

Ficus umbellata

Wenn mich jemand fragt, welche Pflanze sich am besten für Anfänger eignet, empfehle ich immer den *Ficus umbellata*. Der Name klingt fremd, aber sobald ich erwähne, dass man ihn »Sauerstofftank« nennt, weil er die Luft so gut reinigt, ist das Interesse geweckt. Ein weiterer Grund ist sein leicht nachzuvollziehender Wasserbedarf. Er zeigt sehr deutlich, wann er Wasser braucht: Er lässt einfach seine Blätter hängen. Selbst wenn man einmal das Gießen vergisst, ist er nicht nachtragend. Mein *Ficus umbellata* ist nun etwa drei Jahre alt und kräftig gewachsen. Seine großen, von Adern durchzogenen Blätter wiegen sich sanft im Luftzug und verleihen dem Raum eine gewisse Frische. Während die meisten meiner Pflanzen eher »sitzen«, reckt sich der Ficus aufrecht in die Höhe, sodass mein Blick vom Schreibtisch immer wieder zu ihm wandert. Ist das Fenster geöffnet, heften sich meine Augen für eine Weile an die Blätter, die nacheinander den Wind auffangen, wie die wogenden Ohren eines Elefanten.

Geranien

Meine *Pinto White-to-Rose*-Geranie blüht das ganze Jahr lang. Ohne sie hätte ich bei der Pflanzenpflege wahrscheinlich keine richtige Disziplin entwickelt. Man sagt, wer sich einmal in Geranien verliebt, kommt nie wieder davon los, wegen der unendlichen Vielfalt ihrer Formen und Farben. Zum Glück, oder leider, ist bei uns jedoch nur diese eine Geranie nahezu perfekt gewachsen, sodass ich gegenüber Geranien nur ein gesundes, durchschnittliches Maß an Interesse bewahren konnte. Meine Geranie hat die seltsame Kraft, meine negativen Gedanken zu zerstreuen, etwa den Glauben, dass nichts im Leben ohne Mühe gelingt und jedes Glück seinen Preis hat. Wenn ihr Topf leichter geworden ist und ich sie gieße, richtet sie ihre gesenkten Blütenstängel wieder auf und belohnt mich mit dicht gedrängten Knospen. Mal bildet sie eine ballonartige Blütentraube, mal kleine, zarte Kappen auf mehreren Stängeln. Eine Pflanze in leuchtenden Farben, die einem das Herz wärmen kann.

Phyllanthus mirabilis

Meine einzige Caudexpflanze auf dem Balkon. Sie stammt ursprünglich aus Thailand, Laos oder Myanmar, also aus Regionen mit tropischem Klima. Aus ihrem knollenförmigen Wurzelkörper wachsen rötlich-braune Triebe und Blätter. Die rötliche Färbung soll Insekten täuschen, die ältere Blätter bevorzugen, damit sie den jungen Trieben fernbleiben. Sie wächst an steilen Felswänden und ist als Zimmerpflanze beliebt, obwohl der Handel mit solchen Raritäten immer ethische Probleme aufwirft. Sobald eine Pflanze in Mode kommt, wird sie in ihrem natürlichen Lebensraum oft übermäßig geerntet und exportiert, manchmal entstehen sogar Schwarzmärkte. Mich faszinieren solche außergewöhnlichen Pflanzen, die an ferne Orte erinnern, doch meine *Phyllanthus mirabilis*, die abends ihre Blätter schließt, genügt mir. Bei ihrer Pflege lernt man automatisch, sich auch über Herkunft und Nachhaltigkeit Gedanken zu machen.

Miss-Kim-Flieder

Jede Pflanze hat einen wissenschaftlichen Namen, einen Handelsnamen und oft auch eine umgangssprachliche Bezeichnung. So kann ein und dieselbe Pflanze mehrere Namen tragen. Bei dieser Pflanze steckt der Name »Miss Kim« schon in ihrem langen wissenschaftlichen Namen *Syringa pubescens subsp. patula ›Miss Kim‹*, benannt nach einer koreanischen Büroangestellten, deren Name von einem amerikanischen Botaniker übernommen wurde, der die ersten Exemplare in die USA mitnahm und sie dort züchtete. Mein *Miss-Kim*-Flieder wächst sehr langsam. Während andere Pflanzen auf dem Balkon schon im März neue Triebe bilden, bleibt er kahl, seine Zweige wirken tot. Mit jedem Frühlingsbeginn fürchte ich, er sei eingegangen, bis der Frühling schließlich kommt und der Flieder endlich seine dynamisch geschwungenen Blätter entfaltet. Wie eine fleißige Schreibkraft dokumentiert »Miss Kim« den Verlauf der Jahreszeiten: langsam, präzise, stetig. Und wenn der

Mai kommt, öffnet sie zartviolette Blüten, deren süßer Duft den Balkon in eine bezaubernde Frühlingsstimmung taucht.

Begonia maculata

Weltweit sollen über zweitausend Arten von Begonien existieren. Vermutlich hat jeder Mensch seine eigene Vorstellung davon, wie eine Begonie aussieht. Früher dachte ich an weiche, rote und gelbe Blüten auf zarten Stängeln. Doch seit ich Arten besitze, deren Stängel und Zweige mit der Zeit verholzen, hat sich mein Bild geändert. Begonien sind für mich nun kräftige, fast wilde Pflanzen. Die *Begonia maculata*, *Begonia corallina* und die *Angel-Wing*-Begonie, die ich zu Hause pflege, haben längliche Blätter, die weiß gepunktet sind.

Sie glänzen auffallend, fast wie lackiert, und wirken dadurch weniger wie eine gewöhnliche Pflanze. Die *Begonia maculata* und die *Angel-Wing*-Begonie besitzen sogar eine rote Blattunterseite, was sie wie ein Stück Stoff aus einem luxuriösen Teppich erscheinen lässt. Wegen ihres besonderen Aussehens könnte man meinen, ihre Pflege sei kompliziert, aber sie wachsen erstaunlich gut, auch ohne besondere Aufmerksamkeit. Ich stelle mir oft vor, wie sie eines Tages zu richtigen Bäumen heranwachsen und ihre Blätter dann ein lebendiges, natürliches Karomuster ergeben.

Chinesischer Geldbaum

Diese ursprünglich aus China stammende Pflanze trägt den wissenschaftlichen Namen *Pilea peperomioides*. Ihre runden Blätter regen zu verschiedenen Vergleichen an, manche sehen darin Münzen, andere Pfannkuchen, wieder andere sogar Ufos. Für mich sehen sie aus wie Lotosblätter. Wenn ich meine *Pilea* betrachte, fühle ich mich immer in eine feuchte, tropische Umgebung versetzt. Nach vier Jahren ist ihr Stamm bereits verholzt und leicht gebogen, sie bildet Seitentriebe und wird inzwischen von einer Halterung gestützt. Hoffentlich wächst sie trotzdem kräftig weiter. Besonders entzückend sind ihre Ableger, die wie kleine Kopien ihrer selbst wirken. Ich habe sie schon oft abgetrennt und an Freunde oder innerhalb der Familie verschenkt. Deshalb nennt man sie auch »Freundschaftspflanze«. Es gibt wohl kaum eine Pflanze, die so treu und großzügig ist wie die *Pilea*.

Olivenbaum

Gibt es eine Pflanze, die vielfältiger genutzt wird als der Olivenbaum? Neulich erfuhr ich, dass auch das heilige Öl der katholischen Kirche aus Olivenöl und Balsam gemischt wird. So wurde mir bewusst, welch heilige und bedeutende Pflanze der Olivenbaum ist, ein Symbol göttlicher Gnade und

Tugend. Mein erster Rosenkranz war aus Olivenholz gefertigt. So gesehen, wächst auf meinem Balkon ein Bäumchen, das Menschen segnet und beschützt. Mein kleines Exemplar ist noch unscheinbar, mit kurzen Zweigen und kleinen Blättern. Aber es hat eine lange Phase des Stillstandes überwunden und beginnt nun, in seinem eigenen Tempo neue Blätter und einen kräftigen Stamm auszubilden. Werde ich eines Tages miterleben, wie es zu einem stattlichen Baum heranwächst? Auf Kreta steht der älteste Olivenbaum der Welt, er wird auf über dreitausend Jahre geschätzt. Schon in der Antike wurden aus seinen Zweigen die Lorbeerkränze der Olympiasieger geflochten. Daran zu denken, erfüllt mich mit Ehrfurcht vor der Natur – und auch vor dem kleinen Olivenbaum auf meinem Balkon, diesem auserwählten, segensreichen Gewächs.

Maori-Corokia

Die *Maori-Corokia* stammt ursprünglich aus Neuseeland. Sie ist eine Pflanze, die wohl jeder trendbewusste Pflanzenhüter irgendwann einmal zu Hause hatte. Für mich jedoch ist sie die Pflanze, die mir die Bedeutung des Wortes »aufgeben« praktisch vermittelt hat. Ich habe sie mehrmals gekauft und genauso oft wieder verloren, bis ich einsah, dass es offensichtlich Pflanzen gibt, die bei mir einfach nicht gedeihen, wie sehr ich mich auch bemühe. Die extrem feinen, wie mit einem dünnen Stift gezogenen Zweige, die reiskorngroßen Blätter und die besondere Färbung in Silber und Grün verleihen ihr ein elegantes Äußeres, das viele Menschen sofort fasziniert. Doch das Gießen ist kompliziert. Man kann schwer einschätzen, ob sie an zu viel Feuchtigkeit oder Trockenheit leidet. Eines Tages steht sie plötzlich vertrocknet da und kurz darauf rieseln die Blätter. Erst neulich habe ich erfahren, dass die *Maori-Corokia* eigentlich kalte Luft benötigt und im Freien stehen sollte. Sie kann Temperaturen bis zu minus zehn Grad überstehen. Vielleicht war es also mein Fehler, sie in der warmen Wohnung zu halten. Noch will ich mich nicht festlegen, aber insgeheim hoffe ich, dass ich mit meiner inzwischen gewachsenen Pflanzenerfahrung eines Tages den Mut finde, es noch einmal mit einer Corokia zu versuchen.

Alocasia

Als ich noch nicht lange Pflanzen hielt, war es eine Alokasie, die in mir Freude und Staunen hervorgerufen hat. Sie ist eine der typischen Zimmerpflanzen, die man in Cafés und Büros sieht. Aus ihrem runden Knollenkörper treibt sie Blatt um Blatt hervor. Diese kräftige, eindrucksvolle Art zu wachsen verleiht ihr eine frische Lebendigkeit. Ich hielt sie für unkompliziert, bis ich eines Tages bei meinem Exemplar eine Nassfäule entdeckte. Ich schnitt die faulen Stellen ab und topfte sie neu ein. Zunächst schien sie sich zu erholen, bevor sie am Ende leider doch eingegangen ist. Wahrscheinlich hatte ich sie zu knapp beschnitten, sodass neue Triebe später nur sehr schwach nachkamen. Eigentlich soll man eine halbe Handbreit stehen und den Rest austrocknen und abfallen lassen. Trotzdem habe ich mich neulich wieder für eine Alocasia entschieden. Sie treibt ein, zwei Blätter und hat nicht mehr ganz den Reiz wie beim ersten Mal. Auch wenn ich nicht mehr ständig nach ihr schaue, habe ich jetzt doch das Gefühl, dass der Balkon erst damit wirklich »mein« Balkon ist. Die Alocasia ist für mich so etwas wie eine Basispflanze, die unbedingt dazugehört.

Mexikanischer Palmfarn

Seit immer mehr Pflanzen unsere Wohnung füllen, interessiere ich mich zunehmend für Jungpflanzen. Vielleicht bin ich nun eine echte Pflanzenhüterin geworden, die nicht das Ergebnis, sondern den Prozess des Aufziehens genießt. Jungpflanzen sind wunderbar, weil man jeden ihrer kleinen Wachstumsschübe beobachten kann und sie mit den Nachbarpflanzen nicht um Platz konkurrieren. Wenn sie die Kinderstube hinter sich gelassen haben und endlich schnell in die Höhe schießen, ist das fast so beglückend wie das Erleben einer Blüte. Der kleine mexikanische Palmfarn, den ich aus der Gärtnerei mitnahm, hatte nur zwei Blätter. Er kostete etwa zweitausend Won, ich hatte keine besonderen Erwartungen an ihn. Mit der Zeit wurde mir bewusst, wie unglaublich niedlich er ist. Er bringt recht dicke, gezähnte Blätter hervor. Wenn ein neuer Trieb erscheint, sind die Blättchen übereinandergelegt, wie zum Gebet gefaltete Hände. Ich freue mich jedes Mal auf diesen Augenblick. Bis mein Exemplar wirklich wie ein Palmfarn aussieht, wird es noch sehr lange dauern. Er hat noch nicht einmal eine ausgebildete Knolle, aber wenn er in diesem Tempo weiterwächst, werde ich eines Tages unter einem stattlichen mexikanischen Palmfarn sitzen und mich an seine längst verschwundenen, kleinen Blätter erinnern. Wenn man diesen langen Weg gemeinsam geht, lohnt sich das Warten allemal.

Aloe

Manchmal werden winzige Pflanzen in daumennagelgroßen Töpfchen als »Schreibtischpflanzen« verkauft – hübsche kleine Dekoartikel, die kaum Platz brauchen. Auch ich habe solche Pflänzchen gekauft oder geschenkt bekommen, doch meist gingen sie schnell ein. Mir schien, als wären sie wirklich nur Konsumartikel. Doch mit der Aloe war es anders. Mein Mann brachte sie aus dem Büro mit und stellte sie auf das Pflanzenregal am Fenster. Selbst in dem kleinen Töpfchen begann sie eifrig zu wachsen. Ich schenkte ihr meine Zuwendung, goss sie regelmäßig. Bald schon begann sie dickliche Triebe, wie die Beine eines kleinen Krebses, zu bilden. Schließlich musste ich sie umtopfen, danach brachte sie sogar neue Triebe hervor. Damals begriff ich, dass eigentlich keine Pflanze nur als bloßes Konsumgut gekauft werden sollte, nur um kurz darauf entsorgt zu werden. Ich teilte die Aloe, einen Ableger behielt ich, den anderen schenkte ich einer Freundin. Am schönsten wirkt die Aloe, wenn sie im Sonnenlicht hellgrün leuchtet, sogar ihre zarten Stacheln schimmern dann elegant gelb. Doch im Vergleich zur Jungpflanze sind die Stacheln meines Exemplars mittlerweile wesentlich kräftiger geworden.

Bougainvillea

Die Bougainvillea, die ich zur Feier eines besonderen Tages gekauft hatte, gedeiht jedes Jahr im gleichen Rhythmus. Im Frühling treibt sie aus ihren kahlen Zweigen Blätter, wächst üppig durch den Sommer, um dann schließlich wunderschön zu blühen. Eigentlich sind die sichtbaren »Blüten« nur Hochblätter, die echten Blüten sind winzig wie Streichholzköpfe. Da die Zweige Dornen tragen, sollte man sie nicht in Augenhöhe von Kindern oder Haustieren aufstellen. Laut Pflanzenlexikon blüht sie von April bis November, aber meine Bougainvillea beginnt erst im Herbst mit der Knospenbildung. Vielleicht ist das ihre eigene Reihenfolge, die sie auf meinem Balkon gelernt hat – erst blattlos den Frühling zu durchleben, um dann im beginnenden Winter zu blühen. Und das ist völlig in Ordnung. Die wahre Pracht der Bougainvillea entfaltet sich ohnehin eher im Garten als auf dem Balkon. Wenn sie dort Tore und Mauern mit ihren gelben, roten und weißen Hochblättern überwuchert, beweist sie auf den ersten Blick, was »überbordende Schönheit« wirklich bedeutet.

Dracaena surculosa

Diese Pflanze, auch unter dem Handelsnamen »Godseffiana« bekannt, bekam ich von jemandem geschenkt, der meinen ersten Roman *Das Herz der Kyung-ae* gelesen hatte.

Eines Tages stand sie groß und prächtig in unserem Zuhause. Seitdem nenne ich sie »Kyung-ae-Baum«. Die bambusartigen Stämme, die langen Blätter und ihr stetiges Wachstum machen sie zur größten Pflanze in unserer Wohnung. Laut Pflanzenlexikon soll sie höchstens neunzig Zentimeter groß werden, doch meine *Dracaena surculosa* reicht bereits bis an die Decke. Abgesehen von gelegentlichem Düngen habe ich kaum etwas für sie getan, manche Exemplare sind wohl einfach außergewöhnlich robust. Eine gesunde Pflanze zu kaufen, erspart später viel Mühe. Wenn man kein gutes Auge dafür hat, ist ein vertrauenswürdiger Händler Gold wert. Das eindrucksvollste Schauspiel dieser Pflanze ist ihre Blüte im Frühling: glänzende, kugelförmige, fast metallische Ornamente wie kleine Weihnachtskugeln sind dann zu bestaunen. Dieses Jahr blühte sie üppiger als je zuvor, was mich natürlich besonders freute.

Calathea Stromanthe Multicolor

Die abwechslungsreichste und trendigste aller Pflanzen in meinem Zuhause. Die *Calathea*, die zur Familie der Marantengewächse gehört, stammt aus den Tropen Südamerikas, sie zählt mehr als hundert Arten. Auch in unserem persönlichen Umfeld sieht man viele verschiedene *Calatheas* als Zimmerpflanzen. Die *Stromanthe multicolor* zeigt ein faszinierendes Farbspiel aus Purpur, Grün, Creme und Rosa. Bei manchen Blättern bildet das Cremeweiß einen Rand, bei anderen verläuft ein rosafarbener Pinselstrich über ein tiefes Grün. Da jedes Blatt ein anderes Muster trägt, gleicht kein einziges dem anderen, sie ist eine wahre Künstlerin unter den Pflanzen. Ist es zu heiß und die Luft zu trocken, verbrennen ihre Blattränder, aber das ständige Abdecken mit Plastikfolie ist hinderlich, darum begnüge ich mich damit, sie gelegentlich zu besprühen. Faszinierend ist auch, dass sie neue Blätter treibt, indem sich die jungen Triebe wie dünnes Papier aufrollen, bevor sie sich entfalten. Nachts schließen sich die Blätter übereinander, als würden sie schlafen. Die *Calathea* ist eine inspirierende, künstlerische Gefährtin, deshalb ist die Zeit mit ihr für mich besonders beglückend.

NACHWORT

Der Optimismus, für den wir uns entschieden haben

Der größte Unterschied zwischen Pflanzen und Menschen liegt wohl in der Bewegung. Wir bewegen uns frei, Pflanzen bleiben an ihrem Platz. Sie können zwar ihre Stängel strecken oder Samen vom Wind treiben lassen, doch ihr Körper bleibt fest im Boden verwurzelt. Wenn ich darüber nachdenke, erscheint mir selbst ein Spaziergang im Park nicht mehr selbstverständlich. In der Geschichte der Menschheit bedeutete Bewegung oft Aufbruch. Menschen überquerten Flüsse, durchwanderten Kontinente und erweiterten auf diese Weise ihren Lebensraum. Während der Pandemie, als ich einen Großteil dieses Buches auf meinem Balkon schrieb, dachte ich oft über die verschiedenen Aspekte von Bewegung nach. Die Ausdehnung und die Mobilität des Menschen schaffen den Ausblick auf eine Zukunft, die keinesfalls Anlass zu Optimismus bietet.

Jetzt, da die Sonne wieder länger scheint, treibt meine Kamelie neue Blätter. Dieses Jahr hat sie zwei Blüten hervorgebracht, nicht viel, gemessen an ihrer Größe. Wäre sie im Freien gewachsen, dem kalten Wind und manchmal sogar Schnee ausgesetzt, wäre das Ergebnis vielleicht ein anderes gewesen. Doch wie es das Schicksal einer Zimmerpflanze nun einmal ist, verbringt sie ihre Zeit in einem engen, schlecht belüfteten Raum. Die Blüten, die sie trotz allem im Winter hervorbrachte, waren ein Zeichen dafür, dass sie sich dieser Umgebung angepasst und einen Lebenszyklus vollendet hatte. Dafür lobte ich die Kamelie aus vollem Herzen. Einige Tage lang präsentierte sie stolz ihre stattlichen Blüten, um sie dann auf einen Schlag abzuwerfen und sich auf die nächste Jahreszeit vorzubereiten.

Dieses Jahr wird sie wieder auf dem Balkon verbringen und sich ihrer Umgebung anvertrauen. Vergliche man sie mit einem Menschen, so würde sie Herz und Körper ganz von ihrer Umgebung durchdringen lassen und selbst bei der kleinsten Regung eines Körnchens, das irgendwo unter ihren Wurzeln kitzelt, still wahrnehmen, wie sie sich verändert. Pflanzen bleibt keine andere Wahl als das Jetzt und Hier. Und gerade diese Unausweichlichkeit schafft paradoxerweise ihren Optimismus, der darin liegt, sich anzupassen, zu wachsen, ohne Freude oder Enttäuschung über die eigene Frucht, ohne eine Alternative zum Leben selbst. Wenn es eine solche stille Ordnung im Morgen gibt, ist es unmöglich, nicht optimistisch zu sein.

Vor dem Schreiben dieses Nachworts habe ich mein Arbeitszimmer aufgeräumt. Während ich im Frühling an meinen Essays und einem neuen Roman arbeitete, hatte ich es so zugestellt, dass kaum noch Platz zum Stehen blieb. Papierstapel, leere Tassen, Reste von Snacks, der noch auf Januar eingestellte Tischkalender, Lockenwickler, damit mein langer Pony nicht meine Konzentration stört, und überall

Stifte. Umso erstaunlicher, dass ich in diesem Durcheinander schreiben, denken, lesen und beten konnte. Und vor allem, dass auch meine Pflanzen, die mein Arbeitszimmer dicht bevölkern, all dies mit mir gemeinsam ausgehalten hatten.

Der Garten in meinem Zimmer ist kein Pflanzenratgeber. Auch keine Sammlung von Essays über Alltägliches. Und doch habe ich das Gefühl, freier geschrieben zu haben als bei einem Prosatext.

Beim Schreiben über meine Pflanzen ging mir das Herz auf, und Erinnerungen, die sich hinter den Figuren meiner Erzählungen verborgen hatten – und in Wahrheit meine eigenen waren –, zeichneten sich wie Blattadern ab. Während der zwei Jahre, in denen ich die in diesem Buch gesammelten Essays nach und nach veröffentlichte, spürte ich, wie das in mir verborgene essayistische Ich seinen Selbstschutz durchbrach und langsam hervortrat. Für mich als Pflanzenhüterin und Schriftstellerin war es eine wunderbare, erfüllende Zeit, für die ich sehr dankbar bin.

Viele Menschen haben zur Entstehung dieses Buches beigetragen. Hervorheben möchte ich die Redaktion des *Hankyoreh ESC*, der die Veröffentlichung meiner Essays ermöglichte; die Künstlerin Lakitki für die einfühlsamen, lichten Illustrationen; Jeong Eunjin vom Verlag *Munhakdongne*, die als Pflanzenbegeisterte begann und schließlich die Redaktion dieses Buches übernahm und mir über lange Zeit eine verlässliche Weggefährtin war; den Lyriker und Pflanzenhüter Hwang In-chan, der das Buch mit seinen Ratschlägen bereichert hat; und meine Familie sowie meine Freunde, die in den Texten erscheinen – ihnen allen gilt mein tief empfundener Dank. Auch den Leserinnen und Lesern, die dieses Buch vielleicht neben ihrer Lieblingspflanze lesen oder nach beendeter Lektüre den Blumenladen ihres Viertels aufsuchen und eine neue Pflanze mit nach Hause nehmen werden. Meine Dankbarkeit gegenüber den Menschen, die meine Texte lesen, wächst mit jedem Jahr und lässt einen immer breiteren und größeren Stamm entstehen.

Für uns Schriftsteller scheint jedes Buch ein Übergang zu sein. Während wir eines beenden, beginnt bereits die Idee für das nächste zu keimen. Dieses Buch ist zugleich ein liebevoll subjektives Protokoll über meine Pflanzen, eine Reflexion über Literatur und gleichzeitig ein Tagebuch der Pflanzenpflege. Ich hoffe, es möge, in welcher Weise auch immer, *optimistisch* gelesen werden. Auch ich werde nach der Veröffentlichung dieses Buches weiterhin meine Pflanzen gießen, beschneiden und gegen Spinnmilben verteidigen. Meinen Optimismus werde ich dabei nie verlieren.

Ich wünsche allen ein kräftiges, gesundes Gedeihen.

An einem Sommerabend, neben meinem Gummibaum

– Kim Keum Hee

Kim Keum Hee ist eine der bekanntesten und meistausgezeichneten zeitgenössischen Schriftstellerinnen Südkoreas. Sie debütierte 2009 mit der Kurzgeschichte ›Your Document‹, für die sie den Hankook Ilbo Literary Award gewann. Zu ihren zahlreichen Veröffentlichungen gehören die Kurzgeschichtensammlung ›Too Bright Outside for Love‹ (2016) sowie die Romane ›Gyungae's Heart‹ (2017), ›To Bokja‹ (2020) und zuletzt ›The Grand Greenhouse Repair Report‹ (2024). ›Der Garten in meinem Zimmer‹ ist ihr zweites Sachbuch.